Donator-Akzeptor-Konzept

Bei vielen chemischen Reaktionen geben die reagierenden Stoffe Teilchen ab oder nehmen Teilchen auf. Das Donator-Akzeptor-Konzept ist eine Grundlage zum Verständnis chemischer Reaktionen.

Das Donator-Akzeptor-Konzept betrachtet z. B.
- das gegenseitige Abgeben und Aufnehmen von Elektronen in chemischen Reaktionen (Redoxreaktionen)
- das gegenseitige Abgeben und Aufnehmen von Protonen in chemischen Reaktionen (Säure-Base-Reaktionen)

Elektronenübertragung

$$2\,Na + Cl_2 \rightleftharpoons 2\,Na^+ + 2\,Cl^-$$

Natriumatom ist Elektronendonator, Chloratom ist Elektronenakzeptor.

Protonenübertragung

$$H_2O + NH_3 \rightleftharpoons NH_4^+ + OH^-$$

Wassermolekül ist Protonendonator, Ammoniakmolekül ist Protonenakzeptor.

Energie-Konzept

In allen Stoffen ist Energie gespeichert.
Energieformen können ineinander umgewandelt werden.
Alle chemischen Reaktionen sind mit Energieumsatz verbunden.

Das Energie-Konzept betrachtet
- energetische Erscheinungen bei chemischen Reaktionen
- Energieumwandlungen bei chemischen Reaktionen
- den Zusammenhang zwischen chemischer Bindung und Energie

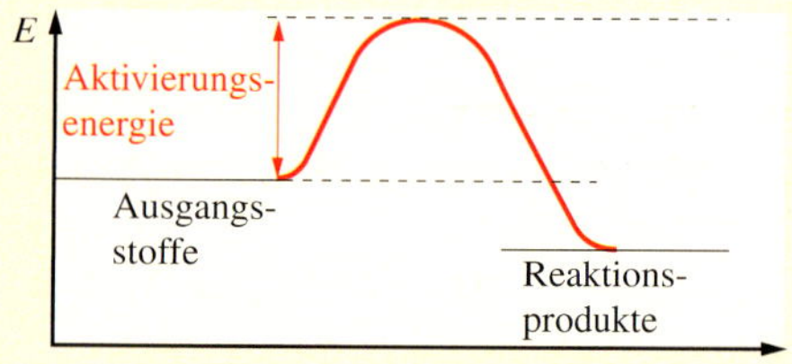

Energiediagramm einer exothermen Reaktion, z.B. Verbrennung von Kohle: $C + O_2 \rightarrow CO_2$

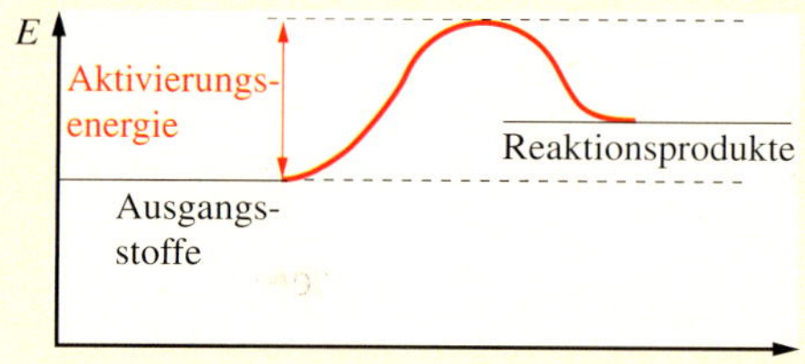

Energiediagramm einer endothermen Reaktion, z.B. Oxidation von Stickstoff: $N_2 + O_2 \rightarrow 2\,NO$

Konzept des chemischen Gleichgewichts

Stoffe reagieren oft nicht vollständig miteinander.
Es stellt sich ein Gleichgewicht zwischen den Teilchen der Ausgangsstoffe und der Reaktionsprodukte ein.
Im nebenstehenden Beispiel etwa liegt im Gleichgewicht ein Gemisch aus dem farblosen Stickstofftetraoxid und dem braunen Stickstoffdioxid vor.
Welcher Stoff im Gleichgewichtsgemisch überwiegt, hängt z. B. von der Temperatur und dem Druck ab.

Das Konzept des chemischen Gleichgewichts betrachtet die Einstellung chemischer Gleichgewichte und deren Beeinflussung.

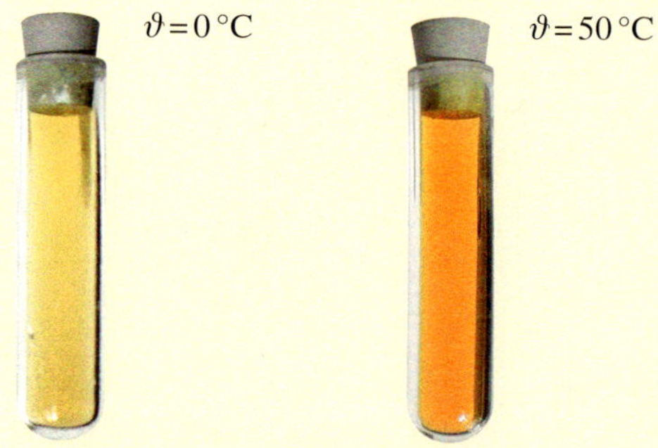

Einfluss der Temperatur auf das chemische Gleichgewicht zwischen Stickstofftetraoxid und Stickstoffdioxid

$$\underset{\text{farblos}}{N_2O_4} \rightleftharpoons \underset{\text{braun}}{2\,NO_2}$$

Autoren: Dr. Karin Arnold, Prof. Dr. Volkmar Dietrich,
Dr. Andreas Döring, Dr. Anja Grimmer, Dr. Dagmar Pennig

herausgegeben von: Dr. Karin Arnold, Prof. Dr. Volkmar Dietrich

unter beratender Mitarbeit von: Almuth Loß (Frankfurt)

Redaktion: Volkmar Kolleck, Heidi Riens, Dr. Claudia Seidel, Dr. Ulrich Strunk
Illustration: Wolfgang Mattern, Hans Wunderlich
Grafik: Marina Goldberg
Umschlaggestaltung: Wolfgang Lorenz, Ellen Meister
Layoutkonzept: Wolfgang Lorenz, V+I+S+K, Berlin
Layout: Marina Goldberg, Sabine Matthes

www.cornelsen.de/fokus-chemie
Unter dieser Adresse befinden sich multimediale Zusatzangebote.
Die Buchkennung ist: CHFK013070

www.cornelsen.de

1. Auflage, 1. Druck 2010

Alle Drucke dieser Auflage sind inhaltlich unverändert
und können im Unterricht nebeneinander verwendet werden.

Das Buch setzt die neue EU-Verordnung zur Einstufung und Kennzeichnung von Chemikalien um *(Globally Harmonised System of Classification and Labelling of Chemicals, GHS).*

Druck: CS-Druck CornelsenStürtz, Berlin

ISBN 978-3-06-013070-2

Inhalt gedruckt auf säurefreiem Papier aus nachhaltiger Forstwirtschaft.

Inhalt

Stoffe und Reaktionen – Bekanntes aus der Sekundarstufe I

Die Welt besteht aus vielen unterschiedlichen Stoffen. Gesteine und Mineralien bildeten sich in Urzeiten. Noch heute zeugen speiende Vulkane davon.

Reaktionen lassen sich beschreiben, durch ihre Merkmale kennzeichnen, in Reaktionsgleichungen formulieren und zwischen den reagierenden Stoffen lassen sich quantitative Beziehungen herstellen. Alle hier genannten Gesetzmäßigkeiten von Stoffen und Reaktionen sind bereits aus der Sekundarstufe I bekannt. Auf den folgenden Seiten erfolgt ein Rückblick dazu.

Wissenstest

Hier finden Sie Aufgaben zu Ihrem Wissensstand in Chemie. Lösen Sie die Aufgaben und beachten Sie dabei, dass auch mehrere Antworten richtig sein können. Wenn Sie beim Lösen der Aufgaben Schwierigkeiten haben, können Ihnen die folgenden Seiten dieses Kapitels weiterhelfen. Die Lösungen finden Sie im Anhang. ↑S.98

1 Natriumchlorid kann aus Steinsalz gewonnen werden. Welche Aussagen treffen auf Natriumchlorid zu?

A Natriumchlorid ist ein aus Ionen aufgebauter Stoff.
B Natriumchlorid ist aus Molekülen aufgebaut.
C Natriumchlorid ist ein Stoffgemisch.

2 Es gibt so viele verschiedenartige organische Stoffe, weil die Kohlenstoffatome

A nur Einfachbindungen eingehen.
B bevorzugt Ionenbindungen eingehen.
C eine Tendenz zur Ketten- und Ringbildung zeigen.
D Einfach- und Mehrfachbindungen eingehen.

3 Ordnen Sie den folgenden Verbindungen die richtige Bindungsart zu: Chlorwasserstoff, Calciumfluorid, Iod, Lithium, Wasser.

A Elektronenpaarbindung
B Metallbindung
C Polare Elektronenpaarbindung
D Ionenbindung

4 Milch ist ein wichtiges Nahrungsmittel. Milch ist

A ein Reinstoff.
B eine Emulsion.
C eine Verbindung.
D ein heterogenes Stoffgemisch.

5 Die Elemente Strontium, Barium und Radium gehören zur Elementgruppe der

A Halogene.
B Erdalkalimetalle.
C Edelgase.
D Alkalimetalle.

6 Ein chemisches Element besteht

A aus verschiedenen Atomarten.
B nur aus Protonen und Neutronen.
C nur aus einer Atomart.
D ausschließlich aus Elektronen.

7 Octan ist ein Kohlenwasserstoff, der

A zu den kettenförmig verzweigten Kohlenwasserstoffen gehört.
B den Alkanen zuzuordnen ist.
C im Paraffin enthalten ist.
D zu den gesättigten Kohlenwasserstoffen gehört.

8 Auf einer Chemikalienflasche ist nur noch die vereinfachte Strukturformel

$$CH_3-CH_2-\overset{\displaystyle CH_3}{\underset{\displaystyle CH_3}{\overset{|}{\underset{|}{C}}}}-CH_2-CH_2-CH_3$$

zu lesen. Bei dem Stoff handelt es sich um

A Dimethylhexan
B 3-Dimethylpentan
C 3,3-Methylhexan
D 3,3-Dimethylhexan

9 Bei folgenden Vorgängen handelt es sich um eine chemische Reaktion

A Schmelzen von Eis
B Grillen von Fleisch
C Abbrennen einer Kerze
D Verdunsten von Meerwasser

10 Bei einer chemischen Reaktion in einem geschlossenen System

A ändert sich die Gesamtmasse der beteiligten Stoffe nicht.
B nimmt die Gesamtmasse der beteiligten Stoffe ab.
C nimmt die Gesamtmasse der beteiligten Stoffe zu.

11 Silbernitratlösung ist ein Nachweismittel für

A Chlorid-Ionen.
B Hydroxid-Ionen.
C Bromid-Ionen.
D Iodid-Ionen.

12 Eine Reduktion ist eine chemische Reaktion, bei der

A einem Stoff Sauerstoff entzogen wird.
B zwischen Teilchen der reagierenden Stoffe Protonen übertragen werden.
C ein Stoff Sauerstoff aufnimmt.

13 Unter Normbedingungen nehmen 0,75 mol Sauerstoff ein Volumen von

A 22,4 Liter
B 16,8 Liter
C 5,6 Liter
D 11,2 Liter ein.

14 Ein Aluminiumdraht mit der Stoffmenge $n(Al) = 5\,mol$ hat eine Masse $m(Al)$ von

A 108 g.
B 27 g.
C 135 g.
D 81 g.

15 Die molare Masse des Eisen(III)-oxids (Fe_2O_3) beträgt

A $72\,g \cdot mol^{-1}$.
B $128\,g \cdot mol^{-1}$.
C $104\,g \cdot mol^{-1}$.
D $160\,g \cdot mol^{-1}$.

16 Die Neutralisation ist eine chemische Reaktion, bei der

A eine Salzlösung entsteht.
B Sauerstoff entsteht.
C Hydronium-Ionen mit Hydroxid-Ionen zu Wassermolekülen reagieren.
D zwischen Teilchen der reagierenden Stoffe Protonen übertragen werden.

Struktur und Eigenschaften von Stoffen

1 Kalkablagerung an einer Armatur

2 Einkristalle (vorne) und Wafer (hinten) aus hochreinem Silicium sind vor allem für die Herstellung von Mikrochips und Solarzellen wichtig.

Vielfalt der Stoffe – Ordnen von Stoffen In unserer Umwelt existieren mehr als 13 Millionen verschiedene Stoffe, von denen uns einige täglich begegnen. ↑1 In Forschungs- und Industrielaboratorien werden weltweit ständig neue Stoffe mit besonderen Eigenschaften für spezielle Einsatzgebiete wie neue Impfstoffe, Baustoffe oder Klebstoffe entwickelt.
Stoffe können nach ihrer Zusammensetzung geordnet werden. Reinstoffe werden nach ihrer Zerlegbarkeit in Elemente und Verbindungen eingeteilt. Stoffgemische lassen sich nach der Art der Verteilung der Reinstoffe im Stoffgemisch in homogene und heterogene Stoffgemische ordnen.

Stoffe

Stoffgemische mit physikalischen Trennmethoden zerlegbar		**Reinstoffe** mit physikalischen Trennmethoden nicht zerlegbar	
Homogene Stoffgemische	Heterogene Stoffgemische	Elemente	Verbindungen
Reinstoffe nicht mehr erkennbar	Reinstoffe noch erkennbar	nur aus einer Atomart aufgebaut; durch chemische Reaktionen nicht zerlegbar	aus mehreren Atomarten zusammengesetzt; durch chemische Reaktionen zerlegbar
Lösungen, Legierungen	Emulsionen, Gemenge	Metalle, Nichtmetalle	Oxide, Säuren, Kohlenwasserstoffe

4 Einteilung von Stoffen nach ihrer Zusammensetzung

Jeder Reinstoff hat charakteristische Eigenschaften, die sich in einem Steckbrief zusammenfassen lassen. Damit kann ein Stoff erkannt und von anderen unterschieden werden.
Die Eigenschaften der Stoffe bedingen ihre Verwendung, z. B. als Legierungen, als Werkstoffe oder als Düngemittel. ↑2

Eigenschaft und Verwendung von Stoffen

Stoff	besondere Eigenschaft	Verwendung
Gold	Beständigkeit, Glanz	als Schmuck, Blattgold, Zahngold
Aluminium	geringe Dichte	im Flugzeugbau, Metallbau
Magnesiumoxid	hohe Schmelztemperatur	zur Herstellung hitzebeständiger Laborgeräte
Kaliumnitrat	gute Wasserlöslichkeit	als Pflanzennährstoff in Düngemitteln

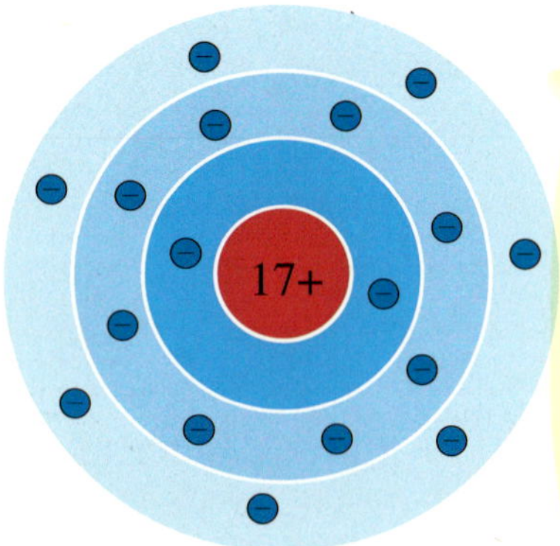

3 Schalenmodell des Chloratoms

Unterschiedliche Struktur – unterschiedliche Eigenschaften Alle Stoffe sind aus Teilchen aufgebaut. **Atome** sind die Teilchenart, die chemische Elemente kennzeichnen. ↑3 Die Atome der Elemente der I., II. und III. Hauptgruppe außer Wasserstoff und Bor bilden Stoffe, die zu den **Metallen** gehören. Auch die aus den Atomen von Nebengruppenelementen bestehenden Stoffe sind Metalle.

Moleküle sind Teilchen, die aus zwei oder mehr fest miteinander verbundenen Atomen zusammengesetzt sind. So sind die Atome der Elemente der VII. und auch einige der Elemente der V. und VI. Hauptgruppe zu Molekülen verknüpft. Die entsprechenden Stoffe gehören zu den **Molekülverbindungen** wie die bei Zimmertemperatur gasförmigen Reinstoffe (Ausnahme: Edelgase), die vielen flüssigen Reinstoffe (Ausnahme: Quecksilber) und die meisten organischen Verbindungen.

Ionen sind positiv oder negativ elektrisch geladene Teilchen in der Größenordnung von Atomen. Metall-Ionen sind positiv elektrisch geladene Teilchen. Nichtmetall-Ionen sind negativ elektrisch geladene Teilchen (Ausnahme: Wasserstoff-Ionen). Kaliumchlorid ist ein aus Ionen aufgebauter Stoff. Es gibt viele chemische Verbindungen, deren kleinste Teilchen Ionen sind. Die festen salzartigen Stoffe gehören zu den **Ionenverbindungen**.

Der Zusammenhang zwischen dem Bau der Stoffe, das heißt ihrer Struktur, und ihren Eigenschaften wird beim Vergleich von Stoffklassen besonders deutlich. ↑Tabelle

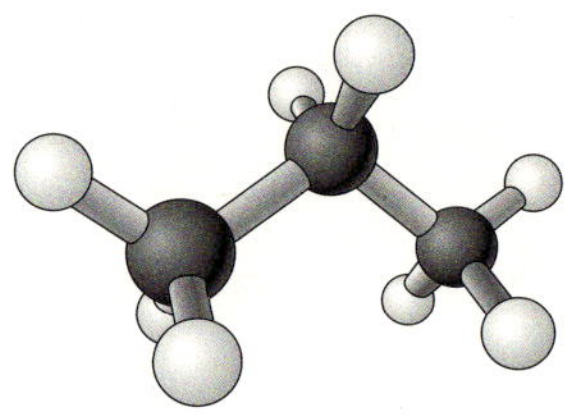

5 Kugel-Stab-Modell eines Propanmoleküls

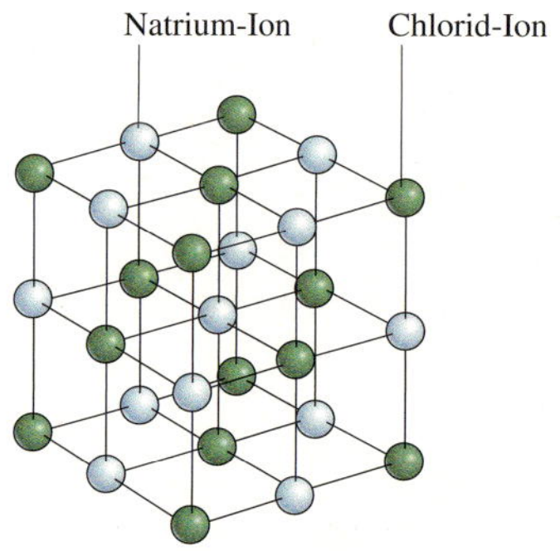

6 Modell des Natriumchlorids

Zusammenhang zwischen Struktur und Eigenschaften von Stoffen

Stoffklasse	Metalle	Molekülverbindungen	Ionenverbindungen
Struktur der Stoffe			
– Teilchen	Metall-Ionen, Elektronen	Moleküle	positiv und negativ elektrisch geladene Ionen
– chemische Bindung	Metallbindung	Elektronenpaarbindung in den Molekülen, zwischen den Molekülen Van-der-Waals-Kräfte	Ionenbindung
Eigenschaften der Stoffe			
– Schmelz- und Siedetemperatur	meist hoch	relativ niedrig	hoch
– Elektrische Leitfähigkeit	sehr gut	keine	keine (in Lösungen gut)
– Wärmeleitfähigkeit	sehr gut	gering	gering
– Festigkeit	hoch	gering	hoch
– Verformbarkeit der festen Stoffe	sehr gut	weich, spröde	hart, spröde

Aufgaben

1 Ordnen Sie folgende Stoffe Stoffklassen zu: Chlor, Lithiumchlorid, Kupfer, Propan, Kaliumhydroxid, Schwefel, Zink, Ethanol.

2 Zeichnen Sie für jeweils einen Vertreter der in der Tabelle genannten Stoffklassen das Teilchenmodell.

3 Begründen Sie, weshalb Kohlenstoffdioxid, Ozon, Methanol und Eicosan ($C_{20}H_{42}$) einer Stoffklasse zugeordnet werden können.

4 Ordnen Sie Calciumcarbonat einer Stoffklasse zu und entwicklen Sie einen Steckbrief für diesen Stoff.

Organische Verbindungen

Strukturmerkmale in Molekülen organischer Verbindungen Die meisten organischen Verbindungen sind Molekülverbindungen. Die Anordnung der Atome in den Molekülen und die Molekülgröße beeinflussen die Eigenschaften der Stoffe. Ein weiteres wichtiges Strukutrmerkmal sind die chemischen Bindungen zwischen den Atomen in den Molekülen. ↑Tabelle

Alkane sind gesättigte Kohlenwasserstoffe, deren Moleküle nur aus Kohlenstoff- und Wasserstoffatomen bestehen. Sie bilden eine homologe Reihe. Die allgemeine Summenformel lautet C_nH_{2n+2}.

Strukturmerkmale in Molekülen organischer Verbindungen			
Anordnung der Kohlenstoffatome	kettenförmig 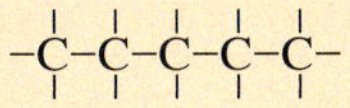	verzweigt 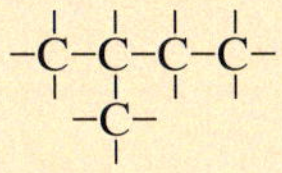	ringförmig 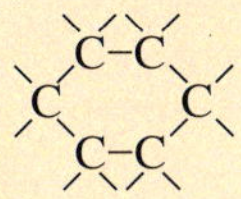
Chemische Bindung zwischen den Kohlenstoffatomen	Elektronenpaarbindung als Einfachbindung: 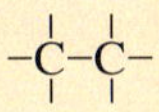		

Wortstämme von Kohlenwasserstoffen	
Wortstamm	Anzahl der Kohlenstoffatome in der Kette
Meth	1
Eth	2
Prop	3
But	4
Pent	5
Hex	6
Hept	7
Oct	8
Non	9
Dec	10

Namen einiger Alkylgruppen	
Formel	Name
$-CH_3$	Methyl
$-C_2H_5$	Ethyl
$-C_3H_7$	Propyl
$-C_4H_9$	Butyl
$-C_5H_{11}$	Pentyl

Nomenklatur organischer Verbindungen Teilweise werden historisch entstandene Namen (Trivialnamen) verwendet, z. B. Essigsäure oder Acetylen. Die systematische Benennung von Verbindungen erfolgt aber nach den international verbindlichen IUPAC-Regeln. Die systematischen Namen geben die Zusammensetzung und die Struktur der Verbindungen an.

Die Namen **unverzweigter kettenförmiger Kohlenwasserstoffe** werden aus dem Wortstamm (↑Tabelle) und der Endung gebildet, die die Bindung zwischen den Kohlenstoffatomen charakterisiert. Namen der Alkane erhalten die Endung „-an“.

Für die Namen **verzweigter kettenförmiger Kohlenwasserstoffe** erfolgt die Benennung nach folgenden Nomenklaturregeln:

1. Die längste Kohlenstoffkette (**Hauptkette**) im Molekül wird bestimmt. Die Anzahl ihrer Kohlenstoffatome ergibt den **Stammnamen** der Verbindung.
2. Die **Seitenketten** werden als Alkylgruppen benannt. Ihre Namen werden alphabetisch geordnet vor den Stammnamen gesetzt.
3. Die **Anzahl** der jeweils gleichen **Alkylgruppen** wird mit griechischen Zahlwörtern benannt und vor den Namen der Alkylreste gesetzt.
4. Die **Position der Seitenkette** wird durch die Nummer des Kohlenstoffatoms, an dem die Verzweigung erfolgt, bezeichnet. Die Zahl wird dem Namen der Seitenkette vorangestellt.
   Die Nummerierung beginnt an der Seite der Hauptkette, an der zuerst ein Alkylrest sitzt.

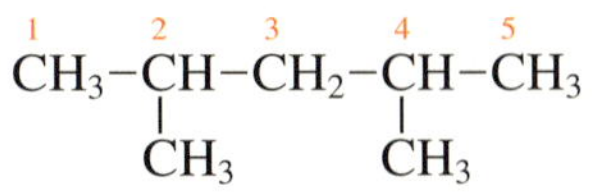

Hauptkette:	Pentan
Seitenkette:	Methylgruppen
Anzahl:	zwei, also „-di-“
Position:	2, 4
Name:	2,4-Dimethylpentan

Chemische Reaktionen

Merkmale chemischer Reaktionen Für alle chemischen Reaktionen lassen sich gemeinsame Merkmale feststellen:

- Aus Ausgangsstoffen entstehen neue Stoffe mit anderen Eigenschaften (Reaktionsprodukte), d. h. es finden Stoffumwandlungen statt.
- Die Stoffumwandlungen sind mit Energieumwandlungen verbunden, d. h. Umwandlung von chemischer Energie der Stoffe in andere Energieformen oder umgekehrt. ↑1, 2
- Es kommt zu Teilchenveränderungen, die mit der Spaltung und Neuausbildung chemischer Bindungen verbunden sind, d. h. aus Teilchen der Ausgangsstoffe werden Teilchen der Reaktionsprodukte.
- Die Masse der Ausgangsstoffe ist gleich der Masse der Reaktionsprodukte, d. h. es gilt das Gesetz von der Erhaltung der Masse.

Aussagen aus Stoff- und Energieumwandlungen bei chemischen Reaktionen können häufig aus Beobachtungen abgeleitet werden. Farbänderungen, Gasentwicklungen, Erwärmungen oder Niederschlagsbildungen sind z. B. wahrnehmbare Anzeichen für den Ablauf einer chemischen Reaktion.

Die Teilchenveränderungen und die Veränderungen der chemischen Bindungen lassen sich dagegen nicht direkt beobachten. Aussagen darüber können auf der Grundlage von Modellen getroffen werden. Damit lassen sich beobachtbare Erscheinungen erklären.

Die im Alltag, in der Natur und Technik genutzten chemischen Reaktionen lassen sich bestimmten Arten chemischer Reaktionen zuordnen.

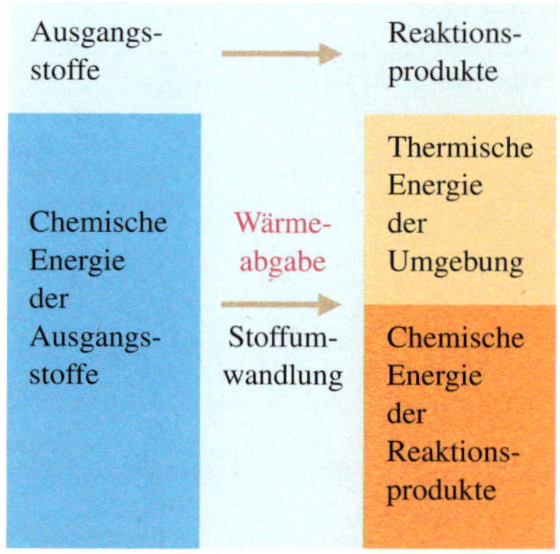

1 Energieschema einer exothermen Reaktion

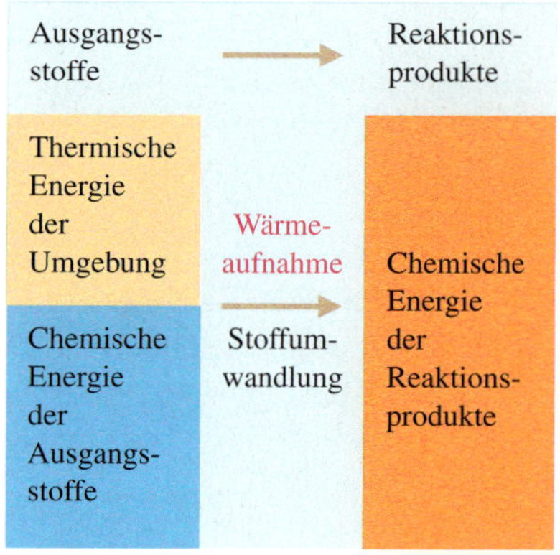

2 Energieschema einer endothermen Reaktion

Reaktion mit Sauerstoffübertragung (Redoxreaktion) Chemische Reaktion, bei der Sauerstoffteilchen abgegeben werden (Reduktion), die gleichzeitig von anderen reagierenden Teilchen aufgenommen werden (Oxidation).

Reaktion mit Protonenübertragung Chemische Reaktion, bei der zwischen den Teilchen der reagierenden Stoffe Protonen übertragen werden, z. B.:

Protonenübertragung

$$H_2O + NH_3 \longrightarrow NH_4^+ + OH^-$$

Das gegenseitige Abgeben und Aufnehmen von Teilchen durch die reagierenden Stoffe ist bei vielen chemischen Reaktionen festzustellen. Es wird als **Donator-Akzeptor-Prinzip** bezeichnet.

Fällungsreaktion Chemische Reaktionen, bei denen ein schwer lösliches Salz als Niederschlag ausfällt, werden als Fällungsreaktionen bezeichnet. Fällungsreaktionen können zum Nachweis von Ionen in wässrigen Lösungen genutzt werden. ↑Tabelle

Nachweis von Chlorid-Ionen	
Nachweismittel	Silbernitratlösung
Beobachtung	weißer Niederschlag von Silberchlorid
Reaktion	$Ag^+ (aq) + Cl^- (aq) \rightarrow AgCl (s)$

Aufgaben

1 Benennen Sie die folgende Verbindung:

$CH_3{-}CH{-}CH_2{-}CH{-}CH{-}CH_2{-}CH_3$ (Substituenten: C_2H_5 am 2. C-Atom, CH_3 am 4. und 5. C-Atom)

2 Erläutern Sie am Beispiel der Oxidation von Kupfer die Merkmale einer chemischen Reaktion.

3 Erläutern Sie das Donator-Akzeptor-Prinzip.

Quantitative Betrachtungen von Stoffen und Reaktionen

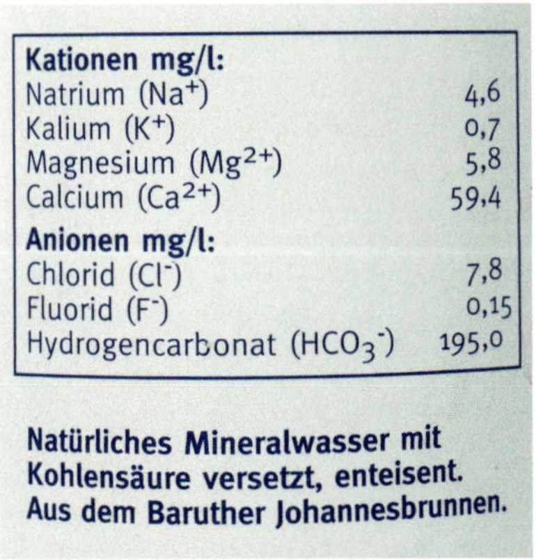

1 Hier werden Massenkonzentrationen angegeben.

Bedeutung der Zeichen in Zusammensetzungsgrößen	
Zeichen	Bedeutung
w(B)	Massenanteil des Stoffs B
m(B)	Masse des Stoffs B
m(Gem)	Masse des Gemischs
φ(B)	Volumenanteil des Stoffs B
V(B)	Volumen des Stoffs B
ΣV	Summe der Volumina aller Stoffe des Stoffgemischs vor dem Mischen
β(B)	Massenkonzentration des Stoffs B
V(Ls)	Volumen der Lösung
c(B)	Stoffmengenkonzentration des Stoffs B
n(B)	Stoffmenge des Stoffs B

Avogadro-Konstante N_A
$N_A = 6{,}0221367 \cdot 10^{23}\,\text{mol}^{-1}$

Zusammensetzungsgrößen Auf den Etiketten von Lebensmitteln und Getränkeflaschen, aber auch auf denen der Haushaltschemikalien wie Spülmittel und Reiniger muss deren Zusammensetzung quantitativ angegeben werden. Meist benutzt man dafür **Anteilsgrößen** und **Konzentrationsgrößen**. ↑Tabelle

Übersicht über einige Zusammensetzungsgrößen		
Anteilsgröße	Massenanteil w	Volumenanteil φ
Gleichung	$w(\text{B}) = \frac{m(\text{B})}{m(\text{Gem})}$	$\varphi(\text{B}) = \frac{V(\text{B})}{\Sigma V}$
Konzentrationsgröße	Massenkonzentration β	Stoffmengenkonzentration c
Gleichung	$\beta(\text{B}) = \frac{m(\text{B})}{V(\text{Ls})}$	$c(\text{B}) = \frac{n(\text{B})}{V(\text{Ls})}$

Wie viel von einem Stoff? Diese Frage spielt in der chemischen Industrie, in Laboratorien und im täglichen Leben eine große Rolle. Berechnungen sind z. B. erforderlich, wenn es darum geht, wertvolle Rohstoffe vollständig in wichtige Chemieprodukte umzuwandeln. Dazu sind Kenntnisse über quantitative Größen und über die bestehenden Beziehungen zwischen den Größen erforderlich. ↑2
Die Stoffmenge n hat die Einheit Mol, das Zeichen für die Einheit ist mol. Ein Mol eines Stoffs ist durch die Teilchenanzahl N festgelegt.
Eine Stoffportion hat die Stoffmenge $n = 1$ mol, wenn sie $6{,}0221367 \cdot 10^{23}$ gleichartige Teilchen enthält. Mit der Avogadro-Konstante N_A lassen sich Stoffmenge n und Teilchenanzahl N ineinander umrechnen:

$$N = N_A \cdot n$$

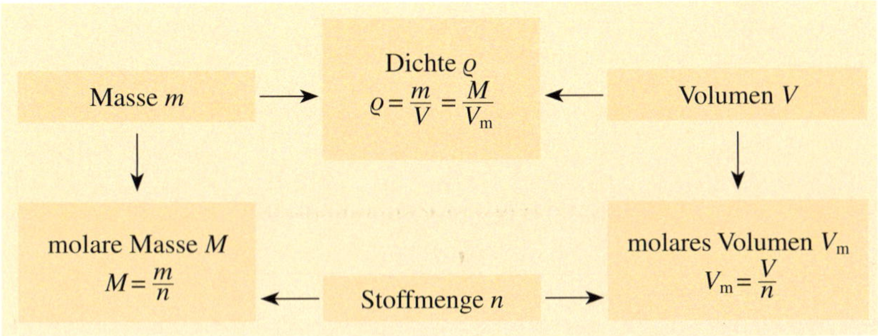

2 Beziehungen zwischen Masse, Volumen und Stoffmenge in der Chemie

Aus der Reaktionsgleichung einer chemischen Reaktion lassen sich folgende Aussagen ableiten:

$2\,H_2$ (g)	$+\,O_2$ (g)	$\rightarrow 2\,H_2O$ (l)
2 Moleküle H_2	+ 1 Molekül O_2	$\rightarrow$ 2 Moleküle H_2O
2 mol Wasserstoff	+ 1 mol Sauerstoff	$\rightarrow$ 2 mol Wasser
Teilchenverhältnis:	$N(H_2) : N(O_2) = 2 : 1$	
Stoffmengenverhältnis:	$n(H_2) : n(O_2) = 2 : 1$	

Massen- und Volumenberechnungen bei chemischen Reaktionen Bei allen chemischen Reaktionen reagieren Stoffe in bestimmten Stoffmengenverhältnissen und proportional dazu in bestimmten Massen- und Volumenverhältnissen miteinander.
Sind an einer chemischen Reaktion gasförmige Stoffe beteiligt, ist es zweckmäßig, deren Volumina zu nutzen: $V = n \cdot V_m$.
Bei allen Gasen beträgt das molare Volumen V_m bei Normbedingungen etwa $22{,}4\,l \cdot mol^{-1}$. Dieses Verhalten der Gase hatte bereits 1811 AMADEO AVOGADRO anhand von Volumenmessungen bei einer Vielzahl von Gasen, die an chemischen Reaktionen als Reaktionspartner beteiligt waren, erkannt. Seine Erkenntnisse bezeichnet man auch als Satz von Avogadro: Gleiche Volumina aller Gase enthalten bei gleicher Temperatur und gleichem Druck die gleiche Anzahl von Teilchen.
Aus der Proportionalität der Massen, Volumina und Stoffmengen ergeben sich allgemeine Größengleichungen für Massen- und Volumenberechnungen bei chemischen Reaktionen. ↑Tabelle

Massen- und Volumenberechnungen		
Gesuchte Größe	Gegebene Größe	Allgemeine Größengleichung
$m(A)$	$m(B)$	$\frac{m(A)}{m(B)} = \frac{n(A) \cdot M(A)}{n(B) \cdot M(B)}$
$V(A)$	$m(B)$	$\frac{V(A)}{m(B)} = \frac{n(A) \cdot V_m}{n(B) \cdot M(B)}$
$m(A)$	$V(B)$	$\frac{m(A)}{V(B)} = \frac{n(A) \cdot M(A)}{n(B) \cdot V_m}$
$V(A)$	$V(B)$	$\frac{V(A)}{V(B)} = \frac{n(A)}{n(B)}$

(Alle Angaben zu Volumina beziehen sich auf Gase.)

A: Stoff der gesuchten Größe
B: Stoff der gegebenen Größe

Normbedingungen für Gase

$p_n = 101{,}3\,kPa$
$T_n = 273\,K\ (0\,°C)$

Schrittfolge für Massen- und Volumenberechnungen bei chemischen Reaktionen

1. Analysieren der Aufgabe: Erfassen der gesuchten und der gegebenen Größen: Massen und Volumina der Aufgabe entnehmen; molares Volumen $= 22{,}4\,l \cdot mol^{-1}$; molare Massen aus einem Tabellenwerk entnehmen oder mithilfe des Periodensystems der Elemente berechnen.
2. Entwickeln der Reaktionsgleichung
3. Ermitteln der Stoffmengen der reagierenden Stoffe oder Teilchen aus der Reaktionsgleichung
4. Formulieren des Verhältnisses der gesuchten zur gegebenen Größe; Aufstellen der Gleichung unter Nutzung der allgemeinen Größengleichung
5. Umformen der Gleichung nach der gesuchten Größe
6. Einsetzen der bekannten Größen und Berechnen des Ergebnisses
7. Formulieren eines Antwortsatzes

Aufgaben

1 500 g einer Schokolade enthalten 65 g Fett. Berechnen Sie den Massenanteil an Fett in Prozent.

2 In 0,75 l Kalilauge sind 0,038 mol Kaliumhydroxid enthalten. Berechnen Sie die Stoffmengenkonzentration der Kalilauge.

3 1500 ml eines Mineralwassers enthalten 16,2 mg Natrium-Ionen und 18,8 mg Chlorid-Ionen. Berechnen Sie die Massenkonzentrationen der genannten Ionen.

4 0,75 l Rotwein enthalten 90,75 ml Alkohol. Berechnen Sie den Volumenanteil an Alkohol in Prozent.

5 Berechnen Sie die Masse und die Stoffmenge aus der Teilchenanzahl der folgenden Stoffportionen.
a $N(Ca) = 12 \cdot 10^{23}$
b $N(SO_2) = 1{,}5 \cdot 10^{23}$

6 Erläutern Sie die Avogadro-Konstante.

7 Ein Kupferdraht hat eine Masse von 7,5 g.
a Aus wie vielen Atomen besteht der Draht?
b Bestimmen Sie die Stoffmenge von Kupfer.
c Berechnen Sie die Masse an Kupfer(II)-oxid, wenn der Draht vollständig mit Sauerstoff reagiert.
d Berechnen Sie das Volumen an Sauerstoff, das dazu erforderlich ist.

8 Erklären Sie, warum sich Gase gegenüber Temperatur- und Druckänderungen gleich verhalten.

9 400 ml einer Abwasserprobe, die Chlorid-Ionen enthält, werden mit Silbernitratlösung versetzt. Der getrocknete Niederschlag hat eine Masse von 3,44 g.
Berechnen Sie die Masse an Chlorid-Ionen, die aus der Abwasserprobe ausgefällt wurde.

Check-up

1 Vergleichen Sie Reinstoff und Stoffgemisch.

2 Ordnen Sie folgende Begriffe sinnvoll in einer Übersicht und ergänzen Sie die fehlenden Begriffe: Magnesiumoxid, Reinstoff, chemische Verbindung, Kohlenstoffdioxid, Metalloxid, Blei, Stickstoff, Nichtmetall.

3 Begründen Sie, weshalb Kupfer und Silber, aber auch Lösungen von Kupferchlorid und Silbernitrat den elektrischen Strom leiten.

4 Vergleichen Sie den Bau von Natrium mit dem von festem Natriumiodid. Stellen Sie jeweils die Art der Teilchen, die Art der chemischen Bindung und die Art der Anordnung der Teilchen tabellarisch zusammen.

5 Schwefeldioxid (SO_2) ist unter den Bedingungen des Normzustands ein gasförmiger Stoff (Schmelztemperatur $\vartheta_S = -75\,°C$; Siedetemperatur $\vartheta_V = -10\,°C$).
- a Stellen Sie aufgrund dieser Angaben eine Vermutung an, wie dieser Stoff aufgebaut sein könnte.
- b Erläutern Sie den Zusammenhalt von Schwefel- und Sauerstoffatomen in dieser Verbindung.
- c Zeichnen Sie ein Teilchenmodell dieser Verbindung.

6 Spiritus ist eine organische Verbindung.
- a Nennen Sie das Element, das am Aufbau aller organischen Verbindungen beteiligt ist.
- b Erläutern Sie, warum es wesentlich mehr organische als anorganische Verbindungen gibt.
- c Überlegen Sie, wie man nachweisen könnte, dass bei brennendem Spiritus Kohlenstoffdioxid und Wasser entstehen.

7 Die Anordnung der Kohlenstoffatome in den Molekülen von Kohlenwasserstoffen kann unterschiedlich sein.
- a Entwickeln Sie die Strukturformeln von folgenden Kohlenwasserstoffen: 2-Methylbutan; n-Pentan; 2,3-Dimethylnonan.
- b Geben Sie die Summenformeln von diesen Stoffen an.
- c Benennen Sie die folgende Verbindung.

$$CH_3\text{–}\overset{\displaystyle CH_3}{\underset{\displaystyle CH_3}{C}}\text{–}CH_2\text{–}\underset{\displaystyle C_2H_5}{CH}\text{–}CH_2\text{–}CH_3$$

8 Trockeneis (Kohlenstoffdioxid) reagiert in einer exothermen Reaktion mit Magnesium.
- a Formulieren Sie die Reaktionsgleichung.
- b Bestimmen Sie die Reaktionsart.
- c Kennzeichnen Sie die Teilreaktionen.

9 Erläutern Sie die Merkmale, die alle chemischen Reaktionen haben, an einem selbst gewählten Beispiel.
Stellen Sie dafür die Reaktionsgleichung auf.
Ordnen Sie die Reaktion einer Reaktionsart zu.
Begründen Sie die Zuordnung.

10 Erläutern Sie das Donator-Akzeptor-Prinzip am Beispiel der Reaktion von Chlorwasserstoff mit Wasser.

11 20 ml eines Speiseöls wiegen 18,4 g. Berechnen Sie die Dichte des Speiseöls.

12 Auf dem Etikett eines Rotweins steht 12,5 % Vol. Deuten Sie diese Angabe.

13 1500 ml eines Mineralwassers enthalten 72,9 mg Calcium-Ionen. Berechnen Sie die Massenkonzentration an Calcium-Ionen.

14 In einem Labor soll ein Volumen von 1 Liter Wasserstoff durch Reaktion von Zink mit verdünnter Salzsäure hergestellt werden.
- a Berechnen Sie die dafür erforderliche Masse an Zink.
- b Berechnen Sie die Stoffmenge an Wasserstoff.

15 Gibt man Salzsäure zu Calciumkörnern, entwickelt sich u. a. Wasserstoff.
- a Formulieren Sie die Reaktionsgleichung.
- b Berechnen Sie das Volumen an Wasserstoff unter Normbedingungen, das bei der Reaktion von 6 g Calcium mit Salzsäure entsteht.

→ Die Lösungen finden Sie im Anhang.

Aufgabe	Hilfe finden Sie auf Seite ...	Aufgabe	Hilfe finden Sie auf Seite ...
1	8	9	11
2	8	10	11
3	9	11	12
4	9	12	12
5	9	13	12
6	10	14	13
7	10	15	13
8	11		

Redoxreaktionen

Viele chemische Reaktionen sind Redoxreaktionen. Je nachdem, welche Stoffe dabei miteinander reagieren, kann bei den Reaktionen sehr viel Energie freigesetzt werden, z. B. als Licht oder als Wärme. Oft kann diese Energie allerdings nicht genutzt werden, wie z. B. bei den Redoxreaktionen, die in brennenden Feuerwerkskörpern ablaufen. Anders ist es, wenn wir Batterien oder Akkumulatoren in Uhren, Handys oder Laptops nutzen. Hier wird die in den Stoffen gespeicherte chemische Energie in elektrische Energie umgewandelt. Energetische Betrachtungen spielen bei elektrochemischen Prozessen eine entscheidende Rolle, wie z. B. bei der Herstellung von Kupfer, Stahl oder Aluminium.

- → Basieren alle Redoxreaktionen auf dem gleichen Grundprinzip?
- → Bestehen Batterien und Akkumulatoren immer aus zwei „chemischen Hälften"?
- → Braucht man grundsätzlich Strom, um Aluminium herzustellen?

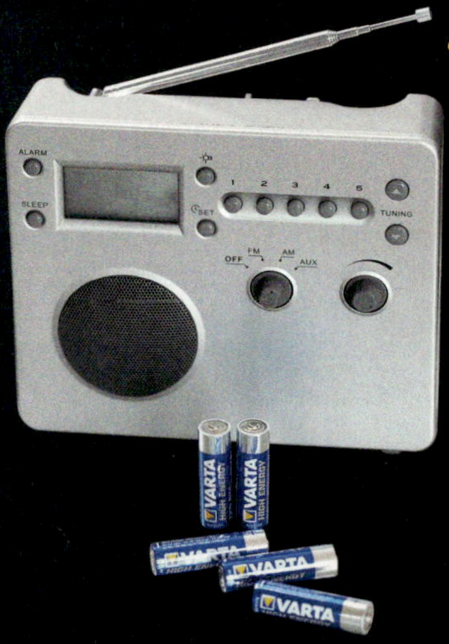

Im Labor Eigenschaften der Metalle und ihr Reaktionsvermögen

1 Eigenschaften der Metalle

Materialien: Schleifpapier, harte Unterlage, Hammer, Stahlnagel, Magnet, Waage, Messzylinder (100 ml), Batterie (4,5 V), Amperemeter, Drähte, Krokodilklemmen.
Chemikalien: Drähte (gleicher Querschnitt, gleiche Länge) und größere Stücke aus Aluminium, Zink, Kupfer und Eisen.
Durchführung:
a) Reiben Sie je ein Stück der Metalle mit Schleifpapier ab. Vergleichen Sie das Aussehen vorher und nachher.
b) Legen Sie die vier Metallproben auf eine unempfindliche Unterlage und prüfen Sie die Verformbarkeit der Metalle durch mehrfache Schläge mit einem Hammer.
c) Versuchen Sie die vier Metallstücke mit einem Stahlnagel zu ritzen. Achten Sie darauf, möglichst immer den gleichen Druck auszuüben.
d) Bewegen Sie einen Magneten dicht über die Oberfläche aller vier Metallproben.
e) Wiegen Sie zunächst die vorliegenden Metallproben und notieren Sie deren jeweilige Masse. Ermitteln Sie dann das Volumen der jeweiligen Metallproben, indem Sie diese nacheinander in einen 100-ml-Messzylinder mit genau 50 ml Wassergehalt geben und die Volumendifferenz bestimmen.
f) Bauen Sie mit der 4,5-V-Batterie und dem Amperemeter einen Stromkreis auf. Spannen Sie nun nacheinander je einen 10 cm langen Draht der vier Metalle in den Stromkreis ein und messen Sie die jeweilige Stromstärke. *Hinweis*: Nur kurz anschließen, die Drähte werden heiß!

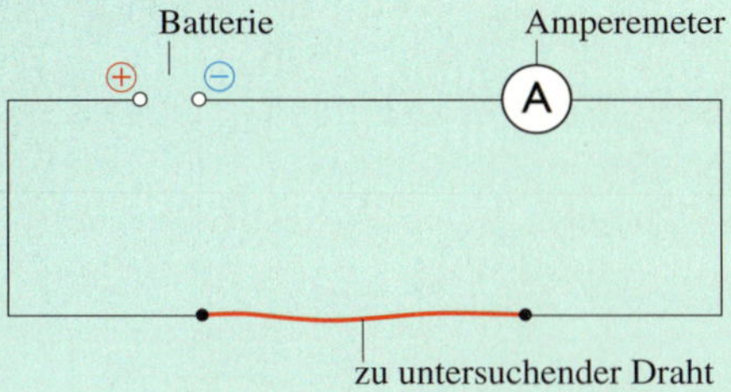

Auswertung: Halten Sie die Beobachtungsergebnisse der Einzelversuche tabellarisch für die vier Metalle fest. Berechnen Sie aus Ihren Messwerten für den Teilversuch e) die Dichte der einzelnen Metalle. Vergleichen Sie diese mit tabellarischen Werten.
Entsorgung: Reste wieder einsammeln.

2 Reaktion von Metallen mit Luft

Materialien: Tiegelzange, feuerfeste Unterlage.
Chemikalien: Silberspan, Magnesiumband (0,5 cm breit, GHS 02), Kupferspan, Eisenwolle.
Durchführung: Erhitzen Sie nacheinander eine kleine Probe des entsprechenden Metalls in der Brennerflamme. Vorsicht: Nicht in die Flamme schauen!
Auswertung: Deuten Sie die Beobachtungsergebnisse, indem Sie das Reaktionsverhalten vergleichen.
Entsorgung: Feste Stoffe in den Sammelbehälter für Hausmüll geben. Silberspan wiederverwenden.

3 Reaktion von Metallen mit Sauerstoff

Materialien: Verbrennungslöffel, feuerfeste Unterlage, 3 Erlenmeyerkolben, Uhrgläser.
Chemikalien: Zinkpulver (GHS 02/09), Kupferpulver, Eisenpulver, Sauerstoff (GHS 03).
Durchführung: Erhitzen Sie nacheinander auf dem Verbrennungslöffel Eisen-, Zink- und Kupferpulver. Tauchen Sie die erhitzten Metalle in mit Sauerstoff gefüllte Erlenmeyerkolben. Geben Sie die erkalteten Reaktionsprodukte auf Uhrglasschälchen.
Auswertung: Vergleichen Sie das Aussehen der Metalle mit den jeweiligen Reaktionsprodukten. Stellen Sie die Reaktionsgleichungen auf und kennzeichnen Sie die Art der chemischen Reaktion.
Entsorgung: Feste Stoffe in den Sammelbehälter für Hausmüll geben.

4 Reaktion von Metallen mit verdünnter Säure

Materialien: Tüpfelplatte.
Chemikalien: Silber, Magnesiumspan (GHS 02), Kupferspan, Eisenwolle, 10%ige Salzsäure (GHS 05).
Durchführung: Geben Sie in eine Tüpfelplatte je eine Probe des entsprechenden Metalls und fügen Sie vorsichtig je fünf Tropfen der Säure hinzu.
Auswertung: Deuten Sie die Beobachtungsergebnisse. Nutzen Sie Ihre Kenntnisse zum Reaktionsverhalten der Metalle.
Entsorgung: Säure in Sammelbehälter I geben.

5 Erhitzen von Silberoxid

Materialien: Reagenzglas, Waage, Brenner, Holzspan.
Chemikalien: Silberoxid (GHS 03/05).
Durchführung: Geben Sie etwa 1 g Silberoxid in ein Reagenzglas und erhitzen Sie es kräftig in der Brennerflamme. Führen Sie in dem Reagenzglas die Glimmspanprobe durch.
Auswertung: Deuten Sie Ihre Beobachtungsergebnisse und formulieren Sie die entsprechende Reaktionsgleichung.
Entsorgung: Silberrückstände einsammeln.

6 Verhalten von Magnesium gegenüber Kohlenstoffdioxid

Materialien: Standzylinder, Tiegelzange, feuerfeste Unterlage, Brenner, Sand.
Chemikalien: Magnesiumband (GHS 02), Kohlenstoffdioxid.
Durchführung: Entzünden Sie ein etwa 2 cm langes Stück Magnesiumband in der Brennerflamme. Halten Sie es dann in einen mit Kohlenstoffdioxid gefüllten Standzylinder.
Betrachten Sie am Ende des Experiments auch die Wand des Standzylinders.

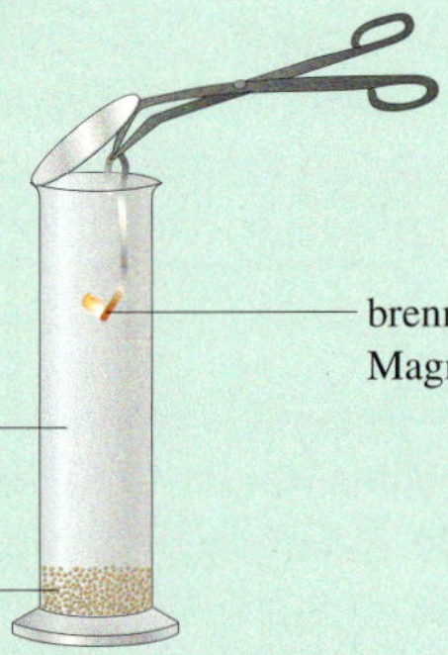

Auswertung: Beschreiben Sie die Beobachtungen und deuten Sie das Ergebnis. Entwickeln Sie die Reaktionsgleichungen und bestimmen Sie die Reaktionsart.
Entsorgung: Feste Stoffe in den Sammelbehälter für Hausmüll geben.

7 Vergleich der Reaktionsfähigkeiten

Materialien: Waage, Mörser, Pistill, Reagenzgläser, Brenner, Magnesiarinne, Tiegelzange, Stopfen mit Gasableitungsrohr, Becherglas.
Chemikalien: Kupfer, Kupfer(II)-oxid (GHS 07), Eisen, Eisen(III)-oxid, Zink, Holzkohle, Kalkwasser.
Durchführung: Führen Sie nacheinander folgende Versuche durch:
a) Mischen Sie 1,6 g Kupfer(II)-oxid mit 0,8 g grauem Eisenpulver. Erhitzen Sie das Gemisch in einem Reagenzglas bis zum ersten Aufglühen und entfernen Sie das Reagenzglas dann sofort aus der Brennerflamme.
Notieren Sie Ihre Beobachtungen.
b) Mischen Sie 1,6 g Eisen(III)-oxid mit 0,8 g rotem Kupferpulver und erhitzen Sie das Gemisch in einem Reagenzglas vorsichtig in der Brennerflamme.
Notieren Sie Ihre Beobachtungen.
c) Mischen Sie 0,5 g Kupfer(II)-oxid und 0,4 g Zinkpulver in einem trockenen Reagenzglas.
Geben Sie das Gemisch auf eine Magnesiarinne und erhitzen Sie es.
Notieren Sie Ihre Beobachtungen.
d) Geben Sie in ein Reagenzglas ein Gemisch aus 2 g Kupfer(II)-oxid und 0,2 g Holzkohle.
Verschließen Sie das Reagenzglas mit einem Stopfen, in dem ein gewinkeltes Gasableitungsrohr steckt, das in Kalkwasser eintaucht. Erhitzen Sie das Gemisch bis zum Glühen und lösen Sie dann sofort den Stopfen.
Notieren Sie Ihre Beobachtungen.
Auswertung: Vergleichen Sie Ihre Versuchsergebnisse. Stellen Sie, wenn möglich, die Reaktionsgleichungen auf und begründen Sie Ihre Ergebnisse.
Entsorgung: Feste Stoffe in den Sammelbehälter für Hausmüll geben, Schwermetallverbindungen in den Sammelbehälter II geben.

Charakteristische Eigenschaften der Metalle

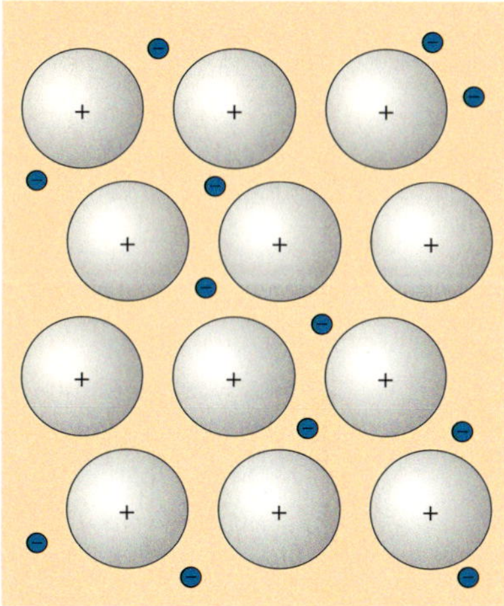

1 Modelldarstellung der Metallbindung

Zusammenhang zwischen Struktur und Eigenschaften der Metalle Metalle besitzen eine gute elektrische Leitfähigkeit, eine gute Wärmeleitfähigkeit und sind verformbar. ↑E.1 S.16

Eine Erklärung für diese Eigenschaften liefert das **Elektronengasmodell.** Metallatome haben nur relativ wenige Außenelektronen (Valenzelektronen), die von den Protonen im Atomkern auch nur vergleichsweise schwach angezogen werden. Zur Erreichung der Edelgaskonfiguration geben Metallatome daher ihre Außenelektronen sehr leicht ab. Dabei bleiben positiv geladene Atomrümpfe (Metall-Ionen) zurück. Ein Metall besteht nach dieser Modellvorstellung also aus den Atomrümpfen, die in einem **Metallgitter** sehr regelmäßig angeordnet sind, und aus den abgegebenen Elektronen, die als „Elektronengas“ zwischen den Atomrümpfen frei beweglich sind. ↑1 Die **Metallbindung** beruht demzufolge auf den elektrostatischen Anziehungskräften zwischen den positiv geladenen Atomrümpfen und dem negativ geladenen „Elektronengas“.

Mit dieser Modellvorstellung lässt sich auch die **elektrische Leitfähigkeit** der Metalle erklären. Wird Gleichspannung an die beiden Enden eines Metalldrahtes angelegt, bewegen sich die Elektronen nicht mehr ungerichtet, sondern gerichtet vom Minuspol zum Pluspol, sodass elektrischer Strom fließt. ↑2 Die Metall-Ionen bleiben dabei an ihren Gitterplätzen und die wandernden Elektronen bewegen sich zwischen diesen hindurch. Dabei stoßen sie immer wieder mit den Atomrümpfen zusammen und werden abgelenkt oder gebremst. Daraus ergibt sich der elektrische Widerstand der Metalle.

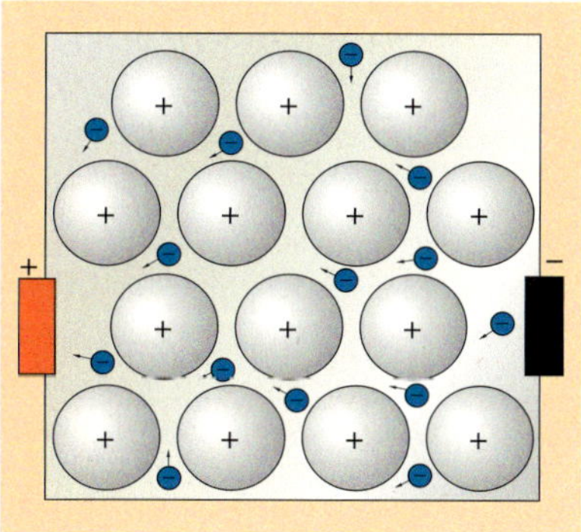

2 Elektronen im elektrischen Feld

Ebenso beruht die gute **Wärmeleitfähigkeit** von Metallen auf der freien Beweglichkeit der Elektronen, die hierbei die zugeführte thermische Energie in kinetische Energie (Bewegungsenergie) umsetzen und somit transportieren.

Die gute **Duktilität** (Verformbarkeit) der Metalle beruht auf der leichten Verschiebbarkeit der einzelnen Gitterebenen zueinander. ↑3 Trotz der Verschiebung bleiben Bindungskräfte im Metallgitter erhalten und die typisch metallischen Eigenschaften werden nicht verändert, was für die Formgebung von Metallgegenständen von entscheidender Bedeutung ist.

Die typischen Eigenschaften der Metalle werden durch das Elektronengasmodell erklärt. Nach dieser Vorstellung besteht ein Metall aus elektrisch positiv geladenen Atomrümpfen, die in einem Metallgitter regelmäßig angeordnet sind, und frei beweglichen elektrisch negativ geladenen Elektronen. Die Metallbindung kommt durch Anziehungskräfte zwischen den Atomrümpfen und den Elektronen zustande.

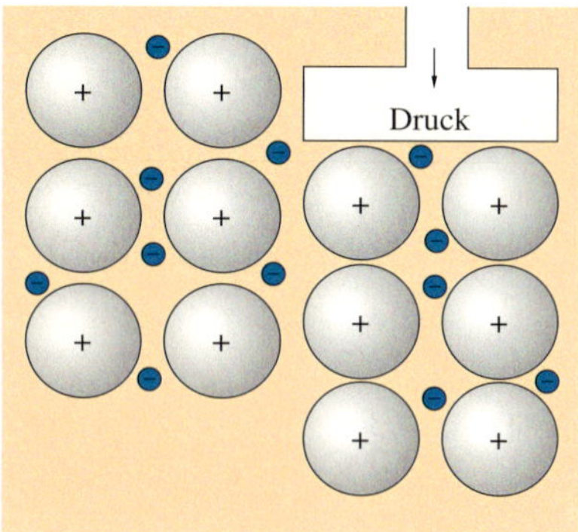

3 Modell zur Verformbarkeit eines Metalls

Reaktionsverhalten von Metallen Die Verwendung von Metallen hängt nicht nur von ihren unterschiedlichen physikalischen Eigenschaften ab, sondern vor allem auch von ihrem unterschiedlichen Reaktionsverhalten. So reagieren Metalle z. B. unterschiedlich heftig mit Sauerstoff. ↑E.3 S.16 Sie lassen sich danach ordnen. Man unterscheidet dabei edle (wenig reaktive) und unedle (sehr reaktive) Metalle.

Der Grund für das unterschiedliche Reaktionsverhalten der Metalle ist der unterschiedliche Bau der Metallatome.

Affinität der Metalle zu Sauerstoff nimmt zu. ←

Unedle Metalle:	Edle Metalle:
Natrium, Magnesium, Aluminium, Zink, Eisen	Kupfer, Silber, Gold

→ Reaktionsfähigkeit der Metalle nimmt ab.

4 Magnesium reagiert mit Sauerstoff.

Die meisten Metalle reagieren beim Erwärmen mit dem Sauerstoff der Luft zu den entsprechenden Metalloxiden. ↑E.2 S.16

$$2\,Fe\,(s) + O_2\,(g) \longrightarrow 2\,FeO\,(s)$$

Auch Magnesium reagiert mit Sauerstoff zu dem entsprechenden Oxid, allerdings sehr viel schneller und heftiger. ↑4 Diese Reaktionsfähigkeit nutzt man beispielsweise bei der Verwendung von Magnesium in verschiedenen Feuerwerkskörpern.
Viele Metalle reagieren auch mit anderen Nichtmetallen ähnlich wie mit Sauerstoff. So reagiert Magnesium mit Chlor ebenfalls heftig zu Magnesiumchlorid. ↑5

5 Magnesium reagiert mit Chlor.

$$Mg\,(s) + Cl_2\,(g) \longrightarrow MgCl_2\,(s)$$

Außerdem sind von vielen Metallen Sulfidverbindungen bekannt. So kommen viele Metalle in der Natur gar nicht als reines „gediegenes" Metall vor, sondern als sulfidische Verbindung.

$$2\,Cu\,(s) + S\,(s) \longrightarrow Cu_2S\,(s)$$

Unedle Metalle reagieren mit verdünnten Säuren unter Bildung des entsprechenden Salzes und Wasserstoff. Edle Metalle reagieren nicht mit verdünnten Säuren. ↑E.4 S.16

$$Zn\,(s) + 2\,HCl\,(aq) \longrightarrow ZnCl_2\,(aq) + H_2\,(g)$$

Die Metalle der 1. und 2. Hauptgruppe reagieren, mit Ausnahme von Beryllium, mit Wasser unter Bildung des entsprechenden Hydroxids und Wasserstoff.

$$2\,Na\,(s) + 2\,H_2O\,(l) \longrightarrow 2\,NaOH\,(aq) + H_2\,(g)$$

Viele Metalle können z. B. mit verschiedenen Nichtmetallen, mit Säuren und mit Wasser reagieren. Die Reaktionsfähigkeit der einzelnen Metalle ist dabei sehr unterschiedlich.

EXPERIMENT 8 [L]
Reaktion von Natrium mit Chlor
Abzug!
In einem Reagenzglas, das unten seitlich ein Loch hat, wird ein erbsengroßes Stück Natrium (GHS 02/05) erhitzt, bis es zu glühen beginnt. Das Reagenzglas wird in einen mit Chlor (GHS 06/09) gefüllten Standzylinder gehalten, der rasch mit einer Glasplatte abgedeckt wird.

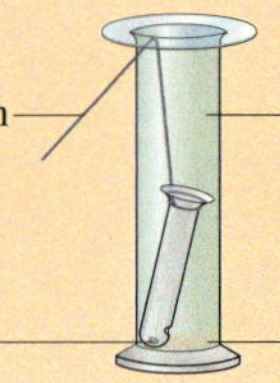

Aufgaben

1 Stellen Sie die Wort- und die Reaktionsgleichung für die Umsetzung von Aluminium mit Brom und von Natrium mit Chlor auf.

2 Vergleichen Sie den Bau der Metalle mit dem von salzartigen Stoffen.

3 Glühlampen enthalten eine Glühwendel aus Wolframdraht. Fließt dadurch ein elektrischer Strom, beginnt er zu glühen. Das Innere der Glühlampe ist mit dem Edelgas Krypton gefüllt. Begründen Sie, warum man nicht einfach eine luftgefüllte Glühlampe nutzen kann.

Oxidation und Reduktion – neu definiert

1 ANTOINE LAURENT LAVOISIER (1743–1794)

2 Kupfererz – wie die meisten Metalle kommt Kupfer in der Natur vor allem in Form von Erzen vor. Aus ihnen kann man das Metall nur durch Reduktion gewinnen.

Oxidation und Reduktion nach Lavoisier Chemische Reaktionen, die zur Bildung von Metalloxiden aus den entsprechenden Elementen führen, werden als **Oxidationen** bezeichnet. Dies ist auf den französischen Forscher LAVOISIER und seine Oxidationstheorie Ende des 18. Jahrhunderts zurückzuführen. ↑1 Nach seiner Theorie ist die Oxidation die Aufnahme von Sauerstoff, wie z. B. die Reaktion von Kupfer mit Sauerstoff.

$$2\,Cu\,(s) \quad + \quad O_2\,(g) \quad \longrightarrow \quad 2\,CuO\,(s)$$

Die Umkehrung dieses Prozesses, also die Abgabe von Sauerstoff, wird als **Reduktion** bezeichnet, beispielsweise die Reaktion von Kupfer(II)-oxid mit Wasserstoff zu Kupfer und Wasser.

Reduktion

$$\underset{(OM)}{CuO\,(s)} \quad + \quad \underset{(RM)}{H_2\,(g)} \quad \longrightarrow \quad Cu\,(s) \quad + \quad H_2O\,(l)$$

Oxidation

Laufen, wie in diesem Beispiel dargestellt, Oxidation und Reduktion gleichzeitig ab, wird dies als **Redoxreaktion** bezeichnet.
Reaktionspartner, die dabei Sauerstoff abgeben, nennt man **Oxidationsmittel** (OM). Die Teilchen, die den Sauerstoff aufnehmen, nennt man **Reduktionsmittel** (RM). In diesem Beispiel dient der Wasserstoff, der während der Reaktion oxidiert wird, als Reduktionsmittel. Gleichzeitig wird das Kupferoxid reduziert, das also in diesem Fall das Oxidationsmittel ist.
Auch Nichtmetalloxide können reduziert werden. So lässt sich beispielsweise Kohlenstoffmonooxid durch Magnesium reduzieren. ↑E.6 S.17

Reduktion

$$\underset{(OM)}{CO\,(g)} \quad + \quad \underset{(RM)}{Mg\,(s)} \quad \longrightarrow \quad C\,(s) \quad + \quad MgO\,(s)$$

Oxidation

Oxidation und Reduktion aus heutiger Sicht Inzwischen werden eine ganze Reihe von chemischen Reaktionen als Redoxreaktionen bezeichnet, bei denen aber nicht in allen Fällen Sauerstoff aufgenommen oder abgegeben wird.
Zu Beginn des 20. Jahrhunderts erkannte man, dass man die Oxidations- und Reduktionsvorgänge auch als **Elektronenübertragungen** auffassen kann. Die Begriffe Oxidation und Reduktion werden seitdem für Elektronenübertragungen verwendet. Man spricht vom „erweiterten Redoxbegriff".
Man hatte erkannt, dass bei der Reaktion eines Metalls mit Sauerstoff ähnliche Vorgänge ablaufen, wie bei der Reaktion eines Metalls mit Chlor. Wenn z. B. das Metall Magnesium mit Sauerstoff oder mit Chlor reagiert,

dann geben in beiden Fällen die Magnesiumatome jeweils zwei Elektronen ab und werden zu Mg^{2+}-Ionen. Gleichzeitig nehmen die Nichtmetallatome (des Sauerstoffs oder des Chlors) diese Elektronen auf und bilden jeweils Anionen.

Elektronenabgabe:	2 Mg			⟶	$2\,Mg^{2+}$	+	$4\,e^-$
Elektronenaufnahme:	O_2	+	$4\,e^-$	⟶	$2\,O^{2-}$		
Gesamtgleichung:	2 Mg	+	O_2	⟶	2 MgO		

Elektronenabgabe:	Mg			⟶	Mg^{2+}	+	$2\,e^-$
Elektronenaufnahme:	Cl_2	+	$2\,e^-$	⟶	$2\,Cl^-$		
Gesamtgleichung:	Mg	+	Cl_2	⟶	$MgCl_2$		

Die Elektronenübertragungsreaktionen lassen sich also immer in zwei **Teilreaktionen** formulieren: Elektronenabgabe (Oxidation) und Elektronenaufnahme (Reduktion).
Oxidation ist die Abgabe von Elektronen. Teilchen, die Elektronen abgeben, werden als **Elektronendonator** bezeichnet (lat. donare – spenden). Sie sind gleichzeitig auch das **Reduktionsmittel**.
Reduktion ist die Aufnahme von Elektronen. Teilchen, die Elektronen aufnehmen, werden als **Elektronenakzeptor** bezeichnet (lat. accipere – aufnehmen). Sie sind gleichzeitig auch das **Oxidationsmittel**.
Aus einem Reduktionsmittel (RM) entsteht durch Elektronenabgabe ein Oxidationsmittel (OM). So haben Magnesium-Ionen oxidierende, Magnesiumatome dagegen reduzierende Eigenschaften.

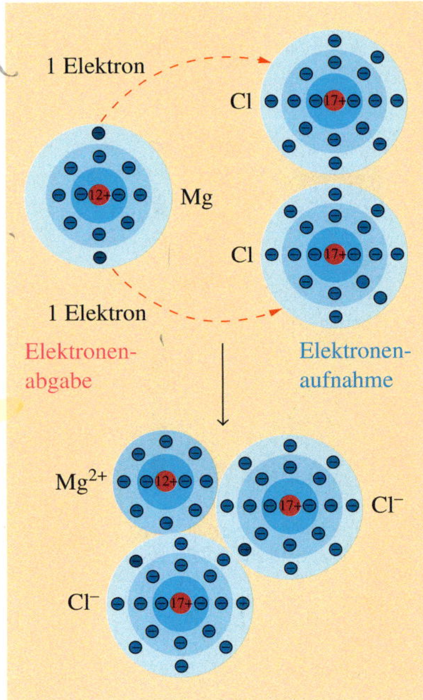

3 Elektronenübertragung bei der Bildung von Magnesiumchlorid

Eine Redoxreaktion ist eine chemische Reaktion, bei der zwischen den Teilchen der Reaktionspartner Elektronen übertragen werden.
Bei der Oxidation erfolgt eine Elektronenabgabe. Das Teilchen, das die Elektronen abgibt, heißt Elektronendonator bzw. Reduktionsmittel.
Bei der Reduktion erfolgt eine Elektronenaufnahme. Das Teilchen, das die Elektronen aufnimmt, heißt Elektronenakzeptor bzw. Oxidationsmittel.

Aufgaben

1 Formulieren Sie die Reaktionsgleichung für die Reaktion von Eisen(II)-oxid (FeO) mit Wasserstoff. Kennzeichnen Sie die Oxidation und Reduktion, sowie das Reduktionsmittel und das Oxidationsmittel.

2 Die Bildung von Aluminiumoxid aus den Elementen wird von einem Schüler als Oxidation bezeichnet. Ein anderer bezeichnet sie als Redoxreaktion. Wem geben Sie Recht? Begründen Sie.

3 Wird Magnesiumpulver zu Bromwasser gegeben, so entfärbt sich die vorher braune Lösung. In der Lösung liegen anschließend Magnesium-Ionen vor. Stellen Sie die Reaktionsgleichungen für die Teilreaktionen auf.

4 Formulieren Sie die Reaktionsgleichungen und Teilreaktionen der Salzbildungsreaktionen zu Kaliumbromid (KBr), Bariumchlorid ($BaCl_2$) und Aluminiumoxid (Al_2O_3) aus den jeweiligen Elementen.

5 Kupfer(II)-Ionen werden durch Zink zu metallischem Kupfer reduziert, wobei Zink-Ionen in Lösung gehen. Formulieren Sie die Reaktionsgleichungen für die Teilreaktionen und für die Gesamtreaktion.

Beispiele

$\overset{\pm 0}{Mg}$; $\overset{\pm 0}{Fe}$; $\overset{\pm 0}{O_2}$

$\overset{+I}{H}\overset{-I}{Cl}$; $\overset{+I}{Na}\overset{-I}{Br}$; $\overset{+II}{Ca}(\overset{-II}{O}\overset{+I}{H})_2$; $\overset{+IV}{S}\overset{-II}{O_2}$

$\overset{+III}{Fe_2}\overset{-II}{O_3}$; $\overset{+II}{Cu}\overset{+VI}{S}\overset{-II}{O_4}$; $\overset{+I}{Na_2}\overset{-II}{O}$; $\overset{+II}{Mg}\overset{-I}{Cl_2}$

$\overset{+I}{H_2}\overset{-II}{O}$; $\overset{+I}{H}\overset{+V}{N}\overset{-II}{O_3}$; $\overset{+I}{H}\overset{+II}{C}\overset{-III}{N}$; $\overset{+I}{H_2}\overset{-II}{S}$

$\overset{+I}{Li}\overset{-I}{H}$; $\overset{+II}{Ca}\overset{-I}{H_2}$; $\overset{+I}{Li}\overset{+III}{Al}\overset{-I}{H_4}$; $\overset{+I}{Na}\overset{+III}{B}\overset{-I}{H_4}$

$\overset{+I}{H_2}\overset{+VI}{S}\overset{-II}{O_4}$; $\overset{+VII}{Mn_2}\overset{-II}{O_7}$; $\overset{+I}{K}\overset{-II}{O}\overset{+I}{H}$; $\overset{+IV}{Mn}\overset{-II}{O_2}$

$\overset{-I}{Cl^-}$; $\overset{-II}{S^{2-}}$

$\overset{+V}{P}\overset{-II}{O_4^{3-}}$; $\overset{+IV}{C}\overset{-II}{O_3^{2-}}$

$\overset{+I}{H}\overset{-I}{F}$; $\overset{+I}{Na}\overset{-I}{F}$; $\overset{+II}{Ca}\overset{-I}{F_2}$

Tab. 1 Beispiele für Oxidationszahlen

Regeln für die Bestimmung von Oxidationszahlen

1. Die Oxidationszahl von Elementen beträgt immer **±0**.
2. Die Summe der Oxidationszahlen in chemischen Verbindungen ist immer **±0**.
3. Die Oxidationszahl von Metallen in chemischen Verbindungen ist immer positiv.
4. a) Die Oxidationszahl von Wasserstoff in Verbindung mit Nichtmetallen beträgt stets **+I**.
   b) Die Oxidationszahl von Wasserstoff in Verbindung mit Metallen beträgt stets **–I**.
5. Die Oxidationszahl von Sauerstoff in Verbindungen beträgt meist **–II**. Beispiele für Ausnahmen sind **–I** in Peroxiden und **+II** in OF_2.
6. Die Oxidationszahl eines einfachen Ions entspricht der Ladung des Ions.
7. Die Summe der Oxidationszahlen in einem zusammengesetzten Ion entspricht der Ladung des Ions.
8. Die Oxidationszahl von Fluor in Verbindungen beträgt immer **–I**.

Tab. 2 Regeln zur Bestimmung von Oxidationszahlen

Oxidationszahlen Bei vielen Redoxreaktionen ist auf den ersten Blick kaum zu erkennen, welches Teilchen oxidiert bzw. reduziert wird. Um sich die Elektronenübergänge zu verdeutlichen, benutzt man daher eine Modellvorstellung. Man denkt sich die Moleküle aus einfachen Ionen aufgebaut. Die elektrischen Ladungen, die diese Ionen dann hätten, werden als Oxidationszahlen bezeichnet. Diese sind als gedachte elektrische Ladung aufzufassen und spiegeln nicht die wirklichen Bindungsverhältnisse wider.

Je nach Elektronegativität der Elemente im Vergleich zueinander erhalten die Oxidationszahlen ein positives oder ein negatives Vorzeichen. Zur Festlegung aller Oxidationszahlen in einer Verbindung ist die Beachtung einiger Regeln erforderlich. ↑Tab. 2 und S.23

Eine chemische Reaktion wird als Redoxreaktion bezeichnet, wenn **Änderungen der Oxidationszahlen** von Elementen auftreten. Die Oxidation ist die Teilreaktion, bei der eine **Erhöhung der Oxidationszahl** eines Elements erfolgt. Bei der Reduktion erfolgt dagegen eine **Verringerung der Oxidationszahl** eines Elements.

Die Oxidationszahl eines Elements in einer chemischen Verbindung gibt die Art und Anzahl der elektrischen Ladung an, die das Element hätte, wenn es in der chemischen Verbindung als Ion vorläge.

Aufstellen von Redoxgleichungen Ein Beispiel soll zeigen, wie Oxidationszahlen beim Aufstellen von Redoxgleichungen helfen:
Permanganat-Ionen (MnO_4^-) reagieren in saurer Lösung mit Eisen(II)-Ionen (Fe^{2+}) zu Mangan(II)-Ionen (Mn^{2+}) und Eisen(III)-Ionen (Fe^{3+}).
Zunächst bestimmt man die Oxidationszahlen und stellt Teilgleichungen für Oxidation und Reduktion auf:

Oxidation: $\overset{+II}{Fe}{}^{2+} \longrightarrow \overset{+III}{Fe}{}^{3+} + e^-$

Reduktion: $\overset{+VII}{Mn}O_4^- + 5\,e^- \longrightarrow \overset{+II}{Mn}{}^{2+} + 4\,O^{2-}$

Die O^{2-}-Teilchen sind allerdings in freier Form nicht beständig. Sie reagieren in wässriger Lösung sofort mit den Hydronium-Ionen.

$$MnO_4^- + 8\,H_3O^+ + 5\,e^- \longrightarrow Mn^{2+} + 12\,H_2O$$

Dann bestimmt man Faktoren, um die Anzahl der ausgetauschten Elektronen auszugleichen, und multipliziert die Teilgleichungen damit:

$$Fe^{2+} \longrightarrow Fe^{3+} + e^- \quad (\times 5)$$

$$MnO_4^- + 8\,H_3O^+ + 5e^- \longrightarrow Mn^{2+} + 12\,H_2O \quad (\times 1)$$

Das Multiplizieren ergibt:

$$5\,Fe^{2+} \longrightarrow 5\,Fe^{3+} + 5e^-$$

$$MnO_4^- + 8\,H_3O^+ + 5e^- \longrightarrow Mn^{2+} + 12\,H_2O$$

Die fertige Reaktionsgleichung für die Gesamtreaktion lautet dann:

$$5\,Fe^{2+} + MnO_4^- + 8\,H_3O^+ \longrightarrow 5\,Fe^{3+} + Mn^{2+} + 12\,H_2O$$

Ermitteln von Oxidationszahlen in anorganischen Verbindungen

Grüne Smaragde ↑1 und zartblaue Aquamarine ↑2 sind Varietäten des Minerals Beryll. Beryll hat die chemische Formel $Be_3Al_2Si_6O_{18}$. Um solche komplizierten Formeln besser durchschauen zu können, sind Oxidationszahlen sehr nützlich. Die Oxidationszahlen werden nach bestimmten Regeln ermittelt. ↑S.22

1 Smaragd

2 Aquamarin

$Be_3Al_2Si_6O_{18}$ ← **Oxidationszahlen der Elemente im Mineral Beryll?**

1 *Ermitteln Sie die Elektronegativitäten der beteiligten Elemente.*

Be: 1,5
Al: 1,5
Si: 1,8
O: 3,5

2 *Ermitteln Sie mithilfe der Elektronegativitäten der Elemente die Vorzeichen der Oxidationszahlen.*

Sauerstoff ist eindeutig das elektronegativste der beteiligten Elemente. Er erhält daher eine negative Oxidationszahl. Die weniger elektronegativen Elemente Be, Al und Si erhalten positive Oxidationszahlen.

3 *Bestimmen Sie die Oxidationszahlen für die beteiligten Elemente.*
Sauerstoff bildet hier formal Anionen. Beryllium, Aluminium und Silicium werden hier als Kationen betrachtet.

Sauerstoff kann O^{2-}-Ionen bilden. Er erhält daher die Oxidationszahl –II.
Beryllium kann als Element der zweiten Hauptgruppe Be^{2+}-Ionen bilden und erhält daher die Oxidationszahl +II. Aluminium erhält die Oxidationszahl +III, Silicium die Oxidationszahl +IV.

4 *Prüfen Sie die Richtigkeit der Oxidationszahlen in der Verbindung.*
Die Summe aller Oxidationszahlen in einer ungeladenen Verbindung muss ±0 sein. Bei Ionen muss die Summe der Oxidationszahlen der Ladung des Ions entsprechen.

Summe der Oxidationszahlen der Berylliumatome	= 3 · 2	= 6
Summe der Oxidationszahlen der Aluminiumatome	= 2 · 3	= 6
Summe der Oxidationszahlen der Siliciumatome	= 6 · 4	= 24
Summe der Oxidationszahlen der Sauerstoffatome	= 18 · (–2)	= –36
Summe aller Oxidationszahlen		= 0

5 *Stellen Sie das Ergebnis dar, indem Sie die Oxidationszahlen als römische Zahlen über die Elementsymbole schreiben.*

$\overset{+II}{Be_3}\overset{+III}{Al_2}\overset{+IV}{Si_6}\overset{-II}{O_{18}}$

Redoxreihe der Metalle

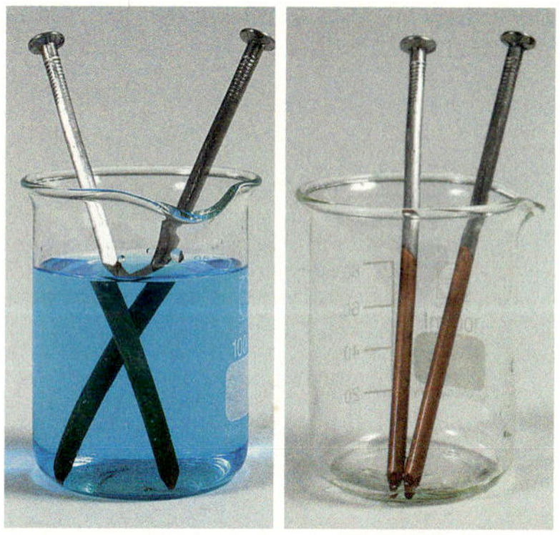

1 Eisennägel während und nach der Reaktion mit Kupfer(II)-sulfatlösung

Reaktivität der verschiedenen Metalle In diesem Abschnitt soll untersucht werden, ob und unter welchen Bedingungen Redoxreaktionen spontan ablaufen. Gibt man Eisennägel in Kupfer(II)-sulfatlösung, so beobachtet man, dass sich nach relativ kurzer Zeit Kupfer auf dem Eisen ablagert und die für Kupfer(II)-sulfatlösung typische hellblaue Färbung verschwindet. ↑1 Die Kupfer(II)-Ionen werden also reduziert und die dafür notwendigen Elektronen kommen vom Eisen, das gleichzeitig oxidiert wird.

Reduktion: $\overset{+II}{Cu^{2+}} + 2\,e^- \longrightarrow \overset{\pm 0}{Cu}$,

Oxidation: $\overset{\pm 0}{Fe} \longrightarrow \overset{+II}{Fe^{2+}} + 2\,e^-$

Gibt man umgekehrt Kupfernägel in Eisen(II)-sulfatlösung, findet keine Reaktion statt. ↑s. auch E.9

Diese beiden Ergebnisse zeigen, dass sich die Metalle hinsichtlich ihrer Reaktionsfähigkeit unterscheiden. Alle Reaktionen der Metalle verlaufen zwar unter Elektronenabgabe, alle Metalle können also positiv geladene Ionen bilden. Diese reduzierende Wirkung der Metalle ist jedoch recht unterschiedlich ausgeprägt. ↑E.7 S.17 Ebenso ist auch die oxidierende Wirkung der Metall-Ionen verschieden.

Beides kommt in der **Redoxreihe der Metalle** zum Ausdruck. ↑2 Mithilfe der Redoxreihe können mögliche Redoxreaktionen abgeschätzt werden. Sie zeigt z. B., dass ein Metall die Metall-Ionen eines edleren Metalls reduzieren kann, also die, die rechts von ihm in der Redoxreihe angeordnet sind. Wendet man dieses Wissen an, so lassen sich Voraussagen treffen, ob unter den gegebenen Bedingungen Redoxreaktionen spontan ablaufen.

← Reduzierende Wirkung der Metallatome wird größer.

Unedle Metalle … Edle Metalle

Li	K	Ca	Na	Mg	Al	Zn	Cr	Fe	Cd	Ni	Sn	Pb	Cu	Ag	Hg	Au
Li^+	K^+	Ca^{2+}	Na^+	Mg^{2+}	Al^{3+}	Zn^{2+}	Cr^{3+}	Fe^{2+}	Cd^{2+}	Ni^{2+}	Sn^{2+}	Pb^{2+}	Cu^{2+}	Ag^+	Hg^+	Au^{3+}

Oxidierende Wirkung der Metall-Ionen wird größer. →

2 Redoxreihe der Metalle

Experiment

EXPERIMENT 9

Reaktionen verschiedener Metalle mit verschiedenen Salzlösungen

Material: 9 Reagenzgläser, Reagenzglasständer, Spatel.

Chemikalien: Zink, Eisen, Kupfer, Zinksulfat [GHS 05/07/09], Eisen(II)-sulfat [GHS 07], Silbernitrat [GHS 03/05/07].

Durchführung: Stellen Sie eine begründete Vermutung bezüglich der Reaktionsfähigkeit bei den verschiedenen Kombinationsmöglichkeiten auf. Prüfen Sie, in welchen Fällen eine Reaktion stattfindet. Angelaufene Metalle müssen vorher blank geschmirgelt werden. Legen Sie zum Festhalten Ihrer Beobachtungen eine Tabelle an.

Auswertung: Vergleichen Sie die Ergebnisse mit Ihren Vermutungen. Erklären Sie das Reaktionsverhalten mit Ihren Kenntnissen zur Redoxreihe der Metalle.

Entsorgung: Reste in Sammelbehälter II geben.

4 Anwendung des Thermitverfahrens zum Verschweißen von Eisenbahnschienen

Anwendung von Redoxreaktionen Die **Zementation** ist die elektrochemische Fällung von Metallen. Sie wird technisch z. B. zur Gewinnung von Edelmetallen angewandt. So wird bei der Goldgewinnung durch „Cyanidlaugerei" das Gold durch Reduktion mit Zinkpulver gewonnen.
Eine weitere Anwendung von Redoxreaktionen stellt das **Thermitverfahren** dar. Dieses Verfahren findet z. B. Anwendung im Verschweißen von Eisenbahnschienen. ↑4 Thermit ist ein Gemisch aus Eisen(III)-oxid und Aluminiumgrieß. Wird das Gemisch zur Reaktion gebracht, entstehen Eisen und Aluminiumoxid. Da die Reaktion stark exotherm ist, fließt das neu gewonnene Eisen als flüssiges Metall in die entsprechend vorgegebene Form, z. B. zwischen zwei Schienenstücke.

$$\overset{\pm 0}{2\,Al} + \overset{+III}{Fe_2O_3} \longrightarrow \overset{+III}{Al_2O_3} + \overset{\pm 0}{2\,Fe}$$

Reaktivität der Nichtmetalle Auch Nichtmetalle lassen sich in die Redoxreihe einordnen. ↑3 Lässt man beispielsweise das Nichtmetall Brom mit Magnesium reagieren, so entsteht in einer Redoxreaktion Magnesiumbromid. Wählt man aber statt des Magnesiums Gold als Reaktionspartner, so findet keine Reaktion statt. Insofern muss man das Nichtmetall Brom in der Redoxreihe zwischen Magnesium und Gold anordnen. Die reduzierende Wirkung des Magnesiums ist gegenüber den Bromid-Ionen höher, sodass ein Elektronenübergang von Magnesium auf Brom erfolgt. Die reduzierende Wirkung von Gold ist im Vergleich zu den Bromid-Ionen zu gering, sodass hier keine Reaktion stattfindet.
Auch die unterschiedliche Reaktionsfähigkeit der edlen und unedlen Metalle gegenüber verdünnten Säuren lässt sich anhand der erweiterten Redoxreihe erklären. Alle Metalle, die links von Wasserstoff in der Redoxreihe stehen, haben eine größere reduzierende Wirkung und bilden deshalb die entsprechenden Metall-Ionen.

← Reduzierende Wirkung wird größer.

Na	Mg	Zn	Fe	H_2	Cu	$2\,I^-$	Ag	$2\,Br^-$	$2\,Cl^-$	Au
Na^+	Mg^{2+}	Zn^{2+}	Fe^{2+}	$2\,H^+$	Cu^{2+}	I_2	Ag^+	Br_2	Cl_2	Au^{3+}

Oxidierende Wirkung wird größer. →

3 Erweiterte Redoxreihe (Metalle und Nichtmetalle)

Das Bestreben der Metallatome, Elektronen abzugeben, ist unterschiedlich stark. Atome unedler Metalle geben ihre Elektronen leichter ab als Atome edler Metalle. Die Redoxreihe der Metalle ordnet die Metalle entsprechend dieser Eigenschaft.

Aufgaben

1 Entscheiden Sie unter Nutzung der Redoxreihe, ob Silber durch Eintauchen eines Eisennagels in Silbernitratlösung gewonnen werden kann.
Entwickeln Sie für die vermutete Redoxreaktion die chemische Gleichung.

2 Entscheiden Sie, ob Eisen mit Salzsäure reagiert.

3 Leitet man Brom in eine Natriumiodidlösung ein, so entsteht Iod und eine Natriumbromidlösung. Dagegen kommt es beim Einleiten von Brom in eine Natriumchloridlösung zu keiner Reaktion. Erklären Sie dies anhand der Redoxreihe.

Gewinnung von Gebrauchsmetallen

Metalle in der Menschheitsgeschichte Vor allem die gediegenen Metalle spielten schon in der frühen Menschheitsgeschichte eine große Rolle. Schmuckstücke aus Gold und Silber wurden schon in der Steinzeit angefertigt.

Kupferzeit	(ab ca. 4000 v. Chr.)
Bronzezeit	(ab ca. 2500 v. Chr.)
Eisenzeit	(ab ca. 1200 v. Chr.)

Nach und nach lernten die Menschen aber auch die Metalle zu nutzen, die nur in Form von Erzen vorkommen. Die große Bedeutung dieser Entwicklung zeigt sich auch in der Benennung von ganzen Menschheitsepochen nach den Metallen, die jeweils besonders wichtig waren.

Die wichtigsten Schritte der Metallgewinnung In Gesteinen sind die gewünschten Metalle oder Metallverbindungen, z. B. Bleisulfid, meist nur in geringen Anteilen enthalten. Daher müssen die abgebauten Erze zunächst aufgeschlossen, die gewünschten Stoffe angereichert und gereinigt werden.
Die dann vorliegende Metallverbindung muss noch chemisch umgewandelt werden. ↑1 Beispielweise wird Bleisulfid zunächst in Bleioxid umgewandelt. Danach erfolgt die Reduktion zum elementaren Metall, z. B. die Reduktion von Bleioxid zu Blei. Nach der Reduktion muss der Reinheitsgrad des gewonnenen Metalls meist noch verbessert werden, wofür es verschiedene Raffinationsverfahren gibt.

Vorkommen von Metallen (Auswahl)	
gediegen	Ru, Os, Rh, Ir, Pd, Pt, Cu, Ag, Au, As, Sb, Bi
als Oxid	Al_2O_3, TiO_2, $FeTiO_3$, $FeCr_2O_4$, $FeWo_4$, MnO_2, Fe_2O_3, Cu_2O, ZnO, SnO_2, U_3O_8
als Carbonat	$MgCO_3$, $CaCO_3$, $SrCO_3$, $ZnCO_3$
als Sulfid	$CuFeS_2$, ZnS, HgS, VS_2, MoS_2, PbS, SbS_3, Bi_2S_3, FeS
als Halogenid	NaCl, KCl
als Sulfat	$CaSO_4$, $SrSO_4$, $BaSO_4$, $PbSO_4$
als Silicat	$Be_3Al_2Si_6O_{16}$, Sc_2Si_2O, $ZrSiO_4$, $LiAlSi_2O_6$

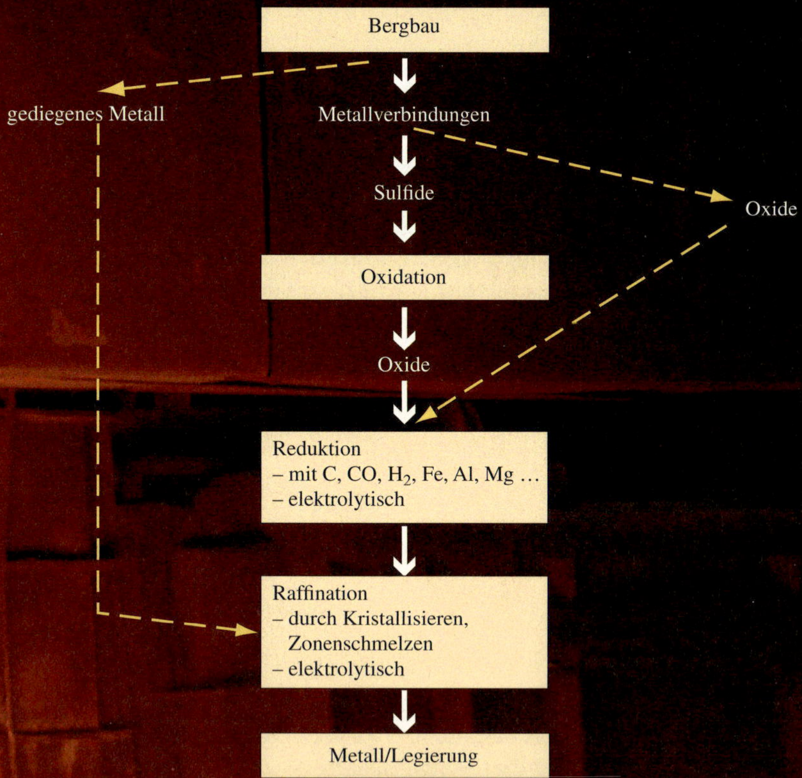

1 Übersicht zu den grundsätzlichen Verfahren zur Metallgewinnung

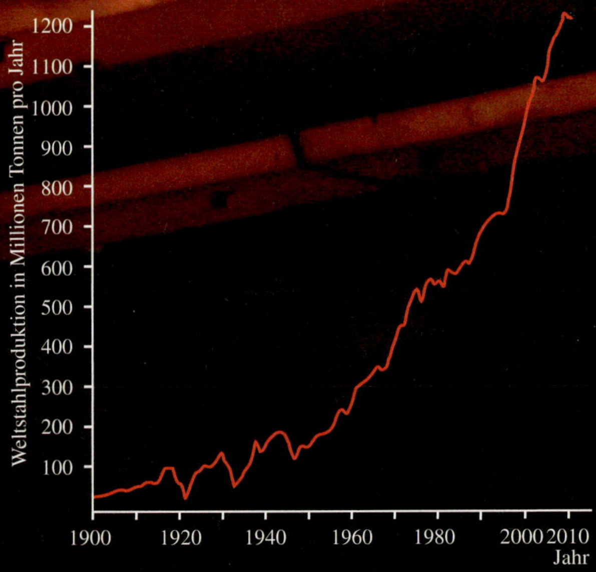

2 Die Eisenzeit ging nie wirklich zu Ende. Die weltweite Produktion von Eisen ist im Prinzip jahrtausendelang angestiegen und die Stahlproduktion hat sich seit 1900 etwa vervierzigfacht. Was bedeutet das für die Umwelt?

3 Herstellung und Bearbeitung von Stahl erfolgen heute weitgehend automatisiert und mit relativ wenigen Arbeitskräften.

Metallgewinnung und Redoxreihe Silber ist ein edles Metall und daher können Silberverbindungen sehr leicht reduziert werden. Silberoxid etwa braucht man nur zu erhitzen – und schon zerfällt es in Silber und Sauerstoff.
Auch Kupferverbindungen lassen sich noch recht einfach reduzieren, man muss allerdings ein Reduktionsmittel zugeben. So erhält man metallisches Kupfer, wenn man Kupferoxid z. B. mit Kohlenstoff erhitzt.
Eisen ist noch etwas unedler als Kupfer. Eisenoxide können zwar durch Kohlenstoff oder Kohlenstoffmonooxid reduziert werden. Dies gelingt aber nur noch unter bestimmten Reaktionsbedingungen.
Chrom ist bereits so unedel, dass Chromverbindungen nicht mit Kohlenstoff reduziert werden können. Hier muss man ein stärkeres Reduktionsmittel verwenden, z. B. Aluminium.
Das Aluminium selbst ist so unedel, dass man es nur noch durch Einsatz von äußerst starken Reduktionsmitteln, wie z. B. metallischem Natrium, herstellen könnte. Da dies aber zu teuer wäre, erzwingt man in der Technik die Reduktion durch Einsatz von elektrischer Energie. ↑S.45
Die stärksten Reduktionsmittel schließlich, z. B. Natrium, kann man grundsätzlich nur durch Zufuhr von elektrischer Energie gewinnen.

Arbeitsaufträge

1 Informieren Sie sich über die wichtigsten Vorgänge bei der Eisenherstellung und stellen Sie diese anhand von Reaktionsgleichungen dar.

2 Erläutern sie, woran es gelegen haben könnte, dass Kupfer Jahrtausende früher genutzt wurde als Eisen und dies wiederum viel früher genutzt wurde als Aluminium.

3 Titan ist ein häufiges Element der Erdkruste. Metallisches Titan kann für viele Anwendungen hervorragend verwendet werden, z. B. weil es korrosions- und säurebeständig, hart und dennoch leicht ist. Informieren Sie sich genauer über dieses Metall und erläutern Sie, warum es trotz der guten Materialeigenschaften bislang nur in begrenzten Mengen verwendet wird.

4 Eisen wird heutzutage nicht nur aus Eisenerzen gewonnen, sondern auch aus Eisenschrott. Recherchieren Sie, wie das Recycling von Eisenschrott technisch durchgeführt wird. Informieren Sie anschließend Ihre Mitschülerinnen und Mitschüler in einem Vortrag über das Eisenrecycling.

Im Labor „Galvanische Elemente"

10 Galvanische Zellen herstellen

Materialien: U-Rohr mit Diaphragma, Filterpapier, Spannungsmessgerät, Kabel und Klemmen.
Chemikalien: Zink, Kupfer, Silber und Magnesium (GHS 02) als Stab, Blech oder Band; Lösungen (jeweils $c = 0{,}1\ mol \cdot l^{-1}$) von Zinksulfat, Kupfer(II)-sulfat, Silbernitrat und Magnesiumchlorid; gesättigte Kaliumnitratlösung.
Durchführung: Geben Sie in einen Schenkel des U-Rohrs Zinksulfatlösung und einen Zinkstab sowie in den anderen Schenkel Kupfersulfatlösung und einen Kupferstab. Messen Sie die Spannung zwischen den Metallstäben.
Führen Sie dann den Versuch in möglichst vielen anderen Kombinationen durch, wobei jeweils Metall X in eine Lösung des Metallsalzes X und Metall Y in eine Lösung des Metallsalzes Y tauchen muss.
Auswertung: Stellen Sie die Messungen tabellarisch zusammen. Deuten Sie das Ergebnis. Stellen Sie die Reaktionsgleichungen auf.
Entsorgung: Metalle reinigen und wieder verwenden, Salzlösungen in Sammelbehälter II geben.

11 Funktionsweise eines Bleiakkumulators

Materialien: Netzgerät, Becherglas (250 ml), Spannungsmessgerät oder kleiner Elektromotor, Kabel, Klemmen.
Chemikalien: 2 Bleiplatten (GHS 07/08), 20%ige Schwefelsäure (GHS 05).
Durchführung: Stellen Sie zwei Bleiplatten so in ein mit Schwefelsäure gefülltes Becherglas, dass die Bleiplatten sich nicht berühren. Legen Sie ca. 5 min lang eine Gleichspannung an, die so gewählt wird, dass an den Bleiplatten gerade eine Gasentwicklung zu beobachten ist.
Verbinden Sie danach anstelle des Netzgeräts ein Spannungsmessgerät oder einen kleinen Elektromotor mit den Elektroden.
Auswertung: Beobachten Sie die jeweiligen Vorgänge. Stellen Sie für die ablaufenden Vorgänge die Reaktionsgleichungen auf.
Entsorgung: Bleiplatten gereinigt wieder verwenden, Schwefelsäure in Sammelbehälter I geben.

12 Strom aus der Zitrone

Materialien: Strommessgerät, Kabel, Klemmen, Glühlämpchen.
Chemikalien: Zink- und Kupferblechstreifen, Zitrone, Kartoffel, verschiedene Metallstreifen.
Durchführung: Bauen Sie den Versuch entsprechend der Versuchsanordnung auf. Bohren Sie dazu in eine Zitrone zwei Löcher. In die eine Öffnung stecken Sie einen Streifen Zinkblech und in die andere einen Streifen Kupferblech. Messen Sie Spannung und Stromstärke. Schalten Sie ein Glühlämpchen in den Stromkreis.
Wiederholen Sie den Versuch mit anderen Metallen oder mit einer Kartoffel. Prüfen Sie, ob der Versuch auch mit verdünntem Zitronensaft funktioniert.
Auswertung: Welche Bedeutung hat die Zitrone in diesem Versuch?
Entsorgung: Metalle reinigen und wieder verwenden, Zitronenreste in den Hausmüll.

13 Bildung einer Wasserstoff-Sauerstoff-Zelle

Materialien: Netzgerät, Kabel, Spannungsmessgerät, Klemmen, U-Rohr, 2 Kohle- oder Platinelektroden.
Chemikalien: Schwefelsäure ($c = 0{,}5\ mol \cdot l^{-1}$).
Durchführung: Befestigen Sie zwei Elektroden in einem U-Rohr. Füllen Sie das U-Rohr zu zwei Dritteln mit Schwefelsäure. Legen Sie an die Elektroden eine Gleichspannung an, bis eine Gasentwicklung (GHS 02/03) zu beobachten ist.
Auswertung: Messen Sie nach dem Abschalten der Spannungsquelle die elektrische Spannung zwischen den Elektroden. Erklären Sie.
Entsorgung: Elektroden wieder verwenden, Schwefelsäure in den Sammelbehälter I geben.

Die ersten Batterien

1791 GALVANI entdeckte, dass Froschschenkel kürzlich getöteter Tiere zucken, wenn Nerven und Muskeln von zwei unterschiedlichen, miteinander verbundenen Metalldrähten berührt werden. Er erkannte allerdings noch nicht, dass er damit eine Spannung erzeugt hatte, auf die der Froschschenkel lediglich reagierte. Ohne es zu wissen, konstruierte er eine elektrische Spannungsquelle, die man heute als galvanische Zelle bezeichnet. ↑1

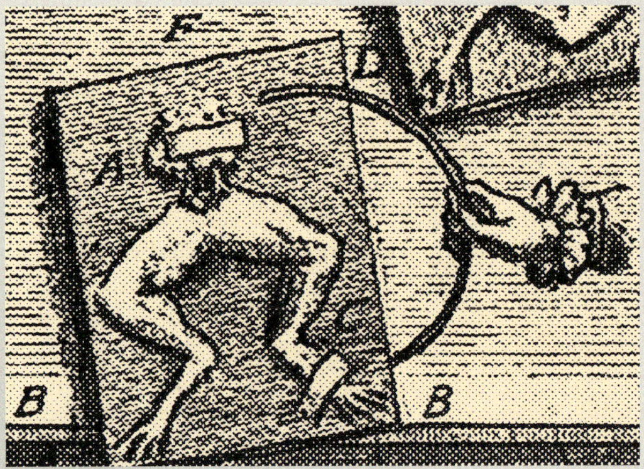

1 Historischer Versuch von GALVANI

2 Volta'sche Säule

1800 VOLTA fand eine Erklärung für GALVANIS Experiment: Die Froschschenkel stellten nur den Elektrolyten dar. Indem er sie durch eine Salzlösung ersetzte, erhielt er durch Kombination verschiedener Metalle elektrochemische Spannungsquellen. ↑2

1836 DANIELL entwickelte ein gut nutzbares galvanisches Element. Er trennte die Zink- und Kupferplatten nicht mehr durch säuregetränkte Filzplatten, sondern tauchte die Metallplatten in die Lösungen ihrer Salze. Durch eine Scheidewand aus Tonzylinder verhinderte er, dass sich die Lösungen vermischten. Das nach ihm benannte „Daniell-Element" liefert eine konstante Gleichspannung. ↑3

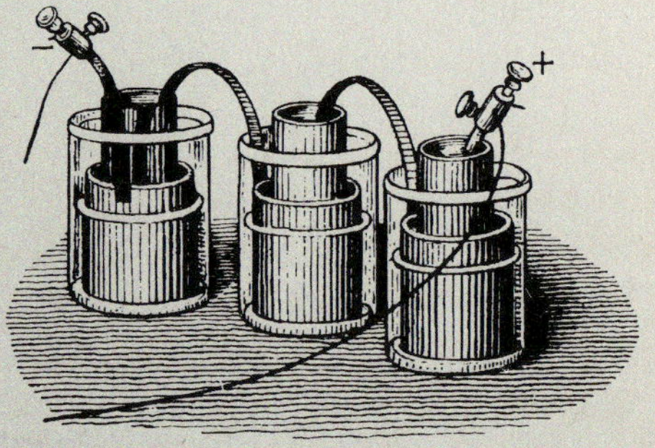

3 Klassisches Daniell-Element

„Ich glaube, dass eines Tages Wasserstoff und Sauerstoff, aus denen sich Wasser zusammensetzt, allein oder zusammen verwendet eine unerschöpfliche Quelle von Wärme und Licht bilden werden!"

4 JULES VERNE, Die geheimnisvolle Insel, 1874

Arbeitsaufträge

1 Das „Daniell-Element" wurde später von einem der ersten „Trockenelemente" abgelöst. Erkunden Sie, von wem dieses „Trockenelement" entwickelt wurde und welche Vorteile es hatte.

2 Recherchieren Sie, wann und durch wen die von JULES VERNE gemachte Voraussage zur Nutzung von Wasserstoff und Sauerstoff zur Gewinnung von Energie erstmals in die Realität umgesetzt werden konnte.

Elektrochemische Stromerzeugung

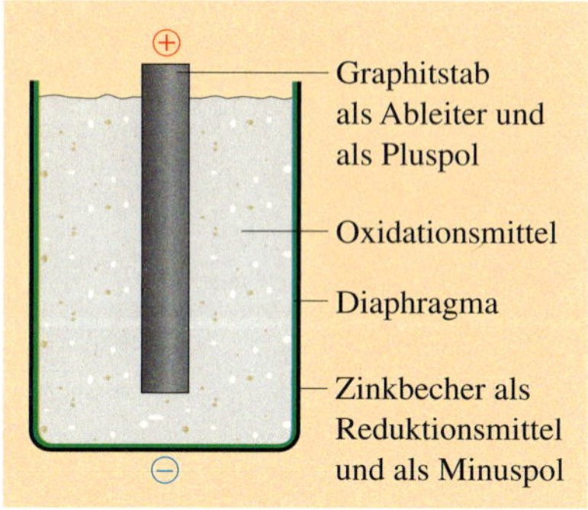

1 Schematischer Aufbau einer üblichen Primärzelle

Galvanische Zellen Der Elektronenübergang beispielsweise zwischen einem Metall und den Ionen eines vergleichsweise edleren Metalls lässt sich durch eine geeignete Versuchsanordnung zur Umwandlung von chemischer Energie in elektrische Energie nutzen. Solche elektrochemischen Systeme bezeichnet man als „**galvanische Zellen**" oder „**galvanische Elemente**".
Bei vielen elektrochemischen Spannungsquellen ist nur eine einmalige Umwandlung von chemischer Energie in elektrische Energie technisch nutzbar. Diese galvanischen Zellen heißen **Primärzellen**. Sie sind nur so lange einsetzbar, bis die Ausgangsstoffe umgesetzt sind. ↑1
Dem englischen Chemiker JOHN FREDERIC DANIELL (1790–1845) gelang es, eine der ersten einsatzfähigen Primärzellen zu entwickeln. Anhand seines Versuchsaufbaus lässt sich das Prinzip der elektrochemischen Stromerzeugung gut erklären. ↑2 ↑S.29
Da Zink unedler als Kupfer ist, bilden sich unter Abgabe der zwei Außenelektronen Zink-Ionen, die in Lösung gehen.

$$Zn\,(s) \longrightarrow Zn^{2+}\,(aq) + 2\,e^- \qquad \text{(Minuspol)}$$

Zink wird also oxidiert. Die abgegebenen Elektronen bleiben zunächst im Metall zurück. So entsteht hier ein Elektronenüberschuss, der Zinkstab ist gegenüber dem Kupferstab negativ geladen. ↑E.10,12 S.28
Da die beiden Metallstäbe aber durch einen elektrischen Leiter verbunden sind, können die Elektronen zum Kupferstab fließen. Dort werden sie auf die Kupfer(II)-Ionen übertragen und es scheidet sich elementares Kupfer am Stab ab.

$$Cu^{2+}\,(aq) + 2\,e^- \longrightarrow Cu\,(s) \qquad \text{(Pluspol)}$$

Kupfer wird somit reduziert. Da Elektronenabgabe und Elektronenaufnahme gleichzeitig ablaufen, können die oben aufgeführten Gleichungen auch zusammengefasst werden:

$$Zn\,(s) \longrightarrow Zn^{2+}\,(aq) + 2\,e^-$$
$$Cu^{2+}\,(aq) + 2\,e^- \longrightarrow Cu\,(s)$$

$$Zn\,(s) + Cu^{2+}\,(aq) \longrightarrow Zn^{2+}\,(aq) + Cu\,(s)$$

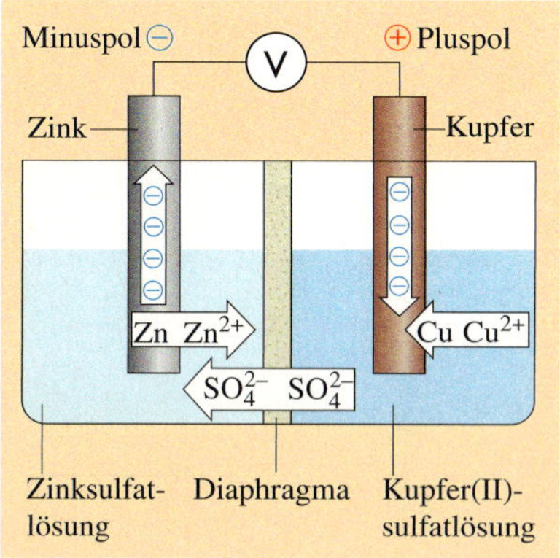

2 Schema des Daniell-Elements

Insgesamt findet also in einer galvanischen Zelle eine Elektronenübertragungsreaktion statt. Durch die räumliche Trennung können die Elektronen nur über das Verbindungskabel vom Zink- zum Kupferstab gelangen. Es fließt ein elektrischer Strom.
Durch die Trennung der beiden Lösungen und der entsprechenden Metalle – Zink/Zinksulfatlösung und Kupfer/Kupfersulfatlösung – sind zwei **Halbzellen** entstanden.
Durch das Diaphragma können Sulfat-Ionen in die Zink-Halbzelle und Zink-Ionen in die Kupfer-Halbzelle wandern. Wenn die galvanische Zelle arbeitet, findet in der Lösung eine Ionenwanderung statt und im Verbindungskabel fließen Elektronen; der Stromkreis ist geschlossen. Zur räumlichen Trennung kann auch ein Tonzylinder genutzt werden, der gleichzeitig die Ionenwanderung ermöglicht.

Zink-Kohle-Zelle (Leclanché-Element) Die von dem französischen Ingenieur GEORGES LECLANCHÉ 1867 entwickelte Primärzelle löste wegen ihrer höheren Leistungsfähigkeit das Daniell-Element ab. Die Zink-Kohle-Zelle müsste eigentlich „Zink-Braunstein-Zelle" heißen. Stattdessen bezieht sich die Bezeichnung auf die Ableiter: Zink für den Minuspol und Kohle für den Pluspol. Der Kohlestift ist von einem fein verteilten Gemisch aus Braunstein (MnO_2), Graphitpulver (zur Erhöhung der Leitfähigkeit), Ammoniumchloridlösung (als Elektrolyt) und einem Verdickungsmittel (z. B. Stärke) umgeben. ↑3

Zn (s)	$\longrightarrow Zn^{2+}(aq) + 2\,e^-$	(Minuspol)
$2\,MnO_2(s) + 2\,H_3O^+(aq) + 2\,e^-$	$\longrightarrow Mn_2O_3(s) + 3\,H_2O\,(l)$	(Pluspol)

Die zur Reduktion des Braunsteins erforderlichen Protonen stammen aus den NH_4^+-Ionen des Elektrolyten. Das durch die Protonenabgabe gebildete NH_3 verbindet sich mit den Zn^{2+}-Ionen und bildet schwer lösliches Diamminzinkchlorid. ↑4 Die Zellspannung einer frischen Zink-Kohle-Zelle beträgt $U \approx 1{,}5\,V$.

Zink-Luft-Zelle Bei dieser galvanischen Zelle dient Luftsauerstoff als Oxidationsmittel. Der Sauerstoff gelangt einfach durch ein Luftloch in die Zelle, muss also nicht in der Zelle gespeichert werden.

2 Zn (s)	$\longrightarrow 2\,Zn^{2+}(aq) + 4\,e^-$	(Minuspol)
$O_2(g) + 2\,H_2O\,(l) + 4\,e^-$	$\longrightarrow 4\,OH^-(aq)$	(Pluspol)

Diese Zelle ist lange lagerfähig. Sie liefert eine Spannung von $U \approx 1{,}4\,V$, setzt pro Massen- und Volumeneinheit viel Energie frei und kommt daher z. B. in Hörgeräten als Knopfzelle zur Anwendung.

Lithium-Zelle Lithium ist sehr unedel und somit ein gutes Reduktionsmittel. Da Lithium heftig mit Wasser reagiert, müssen nichtwässrige Elektrolyte angewandt werden, z. B. Lithiumperchlorat. Als Gegenelektrode dient z. B. Braunstein (MnO_2).

Li (s)	$\longrightarrow Li^+(aq) + e^-$	(Minuspol)
$MnO_2(s) + e^-$	$\longrightarrow MnO_2^-(aq)$	(Pluspol)

Lithium-Zellen sind bis zu 10 Jahren lagerfähig und erreichen Spannungen von $U \approx 3\,V$. Sie sind bis –40 °C arbeitsfähig. Hauptanwendungsgebiete sind Herzschrittmacher, Fotoapparate oder Armbanduhren.

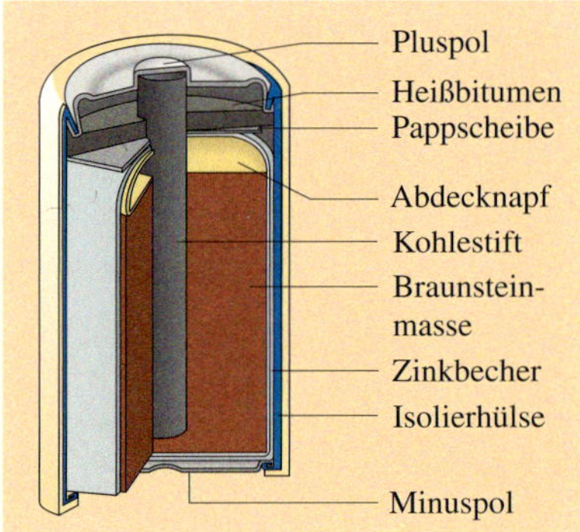

3 Zink-Kohle-Zelle

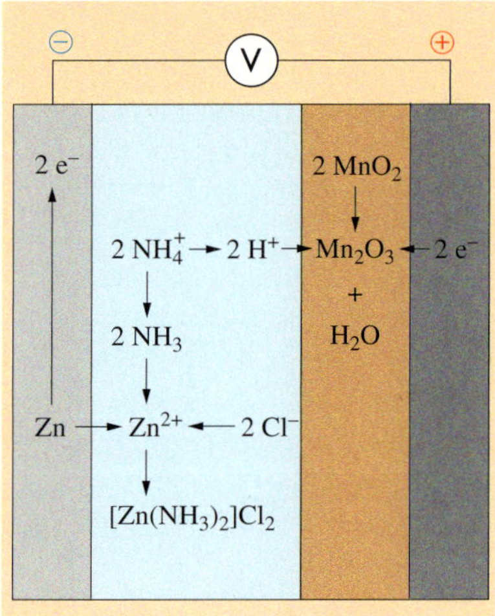

4 Reaktionen in der Zink-Kohle-Zelle

5 Lithium-Papierzellen werden z. B. in Smartcards verwendet.

Aufgaben

1 Eine galvanische Zelle enthält in einer Halbzelle Magnesiumband in Magnesiumsulfatlösung, in der anderen Silberblech in Silbernitratlösung.

a Stellen Sie das Schema dieser galvanischen Zelle zeichnerisch dar.

b Bestimmen Sie, welches Metall den Pluspol und welches den Minuspol bildet.

c Stellen Sie die Teilgleichungen und die Gesamtgleichung für die chemischen Reaktionen in der Zelle auf.

2 Erläutern Sie, warum die Zink-Luft-Zelle eine besonders hohe Energiedichte hat.

3 Vergleichen Sie das Daniell-Element mit der Zink-Kohle-Zelle.

Brennstoffzellen

Grundprinzip von Brennstoffzellen Eine Brennstoffzelle ist ein elektrochemischer Stromerzeuger, sozusagen eine „gasbetriebene Batterie“. Brennstoffzellen sind galvanische Zellen, bei denen Oxidations- und Reduktionsmittel kontinuierlich von außen zugeführt werden, sodass ein ununterbrochener Dauerbetrieb möglich ist.

Das Prinzip wurde schon 1838 von CHRISTIAN FRIEDRICH SCHÖNBEIN entdeckt. Das einfachste Beispiel wurde in der **Wasserstoff-Sauerstoff-Zelle** realisiert. ↑1 ↑E.13 S.28 Hier wird die chemische Energie der Ausgangsstoffe nicht – wie bei der Knallgasreaktion ↑E.14 – in thermische, sondern in elektrische Energie umgewandelt. Dabei finden die Oxidation des Wasserstoffs und die Reduktion des Sauerstoffs wieder räumlich getrennt statt:

Minuspol:	$2\,\overset{\pm 0}{H_2} + 4\,OH^-$	$\longrightarrow 4\,\overset{+I}{H_2}O + 4\,e^-$
Pluspol:	$\overset{\pm 0}{O_2} + 2\,H_2O + 4\,e^-$	$\longrightarrow 4\,\overset{-II}{O}H^-$
Gesamtreaktion:	$2\,H_2 + O_2$	$\longrightarrow 2\,H_2O$

Als Elektrolytlösung dient oft Kaliumhydroxidlösung. Die Zellspannung beträgt theoretisch $U \approx 1{,}23\,V$, in der Praxis allerdings nur 0,6–0,9 V. Um technisch nutzbare Spannungen zu erreichen, müssen mehrere Zellen in Reihe geschalten werden.

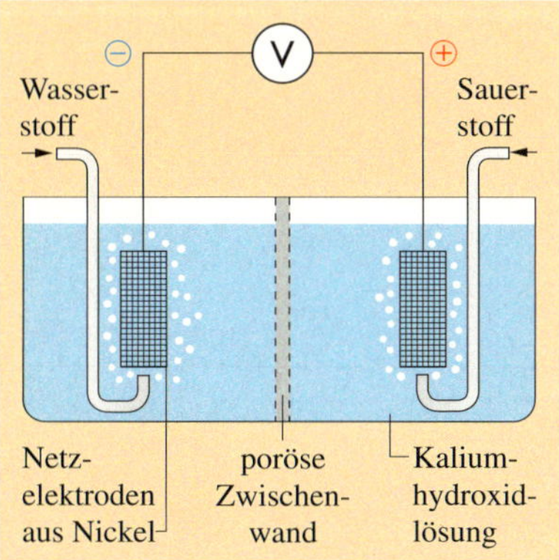

1 Schematische Darstellung einer alkalischen Wasserstoff-Sauerstoff-Brennstoffzelle

Vor- und Nachteile der Wasserstoff-Sauerstoff-Zelle Betreibt man z. B. ein Elektroauto mit Wasserstoff-Sauerstoff-Zellen, so fällt als einziges Abgas Wasserdampf an. Mit Brennstoffzellen sind daher große Hoffnungen verbunden, da sie das Kernstück einer zukünftigen Technik ohne Verbrennungsmotoren und Abgase sein könnten. ↑2

Brennstoffzellen arbeiten geräuschlos und mit einem höheren Wirkungsgrad als z. B. herkömmliche Wärmekraftwerke, in denen elektrische Energie über Turbinen und Generatoren erzeugt wird. Da auch der Brennstoff Wasserstoff prinzipiell in unbegrenzten Mengen verfügbar gemacht werden kann, stellen Brennstoffzellen aus ökologischer Sicht grundsätzlich eine sehr vielversprechende Alternative dar. Andererseits erfordert die praktische Anwendung von Brennstoffzellen einen erheblichen technischen Aufwand:

- Brennstoff und Sauerstoff müssen kontinuierlich zugeführt werden.
- Die Reaktionsprodukte müssen aus dem Elektrolyten entfernt werden.
- Bestimmte Temperaturbereiche müssen eingehalten werden.

Ein großes Problem der Brennstoffzellentechnologie liegt allerdings in der effektiven und sicheren Speicherung von Wasserstoff. Eine Möglichkeit stellen dabei Hochdruckzylinder dar, die allerdings verhältnismäßig groß sind. Ferner können Kryotanks genutzt werden, in denen Wasserstoff bei –253 °C flüssig gespeichert wird. In dieser Form kann Wasserstoff jedoch nicht lange gespeichert werden, da er sich langsam erwärmt und dann verflüchtigt.

Alternativ forscht man an der Verwendung von Metallhydriden, die aufgrund einer speziellen Legierung je nach Temperatur Wasserstoff aufneh-

EXPERIMENT 14 [L]
Knallgasreaktion
Abzug!
Eine mit Wasserstoff (GHS 02) gefüllte, nach unten offene kleine Blechdose wird auf einen Dreifuß mit Tondreieck gestellt. Das auf dem Loch (Durchmesser 1–2 mm) im Kopf der Dose ausströmende Gas wird mit einem Holzspan gezündet.

men und wieder abgeben können. Problematisch ist hierbei allerdings das hohe Gewicht dieser Aggregate.
Eine Lösung für das Speicherproblem könnten Kohlenstoff-Nanoröhren sein. Nachweislich können Kohlenstoff-Nanofasern mit Fischgrätenstruktur erstaunlich große Mengen Wasserstoff speichern und haben dann höhere Energiedichten als Benzin.
Das fundamentalste Problem der Brennstoffzellentechnologie ist jedoch die Gewinnung des Brennstoffs. Wasserstoff kommt in der Natur fast nur in gebundener Form vor, z. B. als Wasser, und kann nur unter Einsatz von Energie freigesetzt werden. Derzeit wird diese Energie aber vorrangig aus fossilen Quellen gewonnen, weshalb Wasserstoff noch nicht als klimafreundliche Alternative bezeichnet werden kann. Das Ziel ist also, Wasserstoff in Zukunft mithilfe von erneuerbaren Energiequellen (Wind, Sonne, Wasserkraft etc.) in großen Mengen durch Elektrolyse von Wasser zu gewinnen. ↑E.16 S.36
Die Kosten für Energie aus Brennstoffzellen sind noch meist höher als beim herkömmlichen Weg. Eine Ursache dafür ist auch der relativ hohe Preis des Wasserstoffs. Brennstoffzellen werden daher bislang vor allem in Spezialanwendungen wie etwa in der Raumfahrt genutzt, wo z. B. eine hohe Leistung pro Masse entscheidend ist.

2 Tanken mit Wasserstoff

Moderne Brennstoffzellen In den letzten Jahren wurde verstärkt in die Erforschung und Entwicklung von Brennstoffzellen investiert. Inzwischen existieren zahlreiche Typen von Brennstoffzellen für unterschiedliche Anwendungen, vom Betrieb eines Handys bis zum Kraftwerk mit bis zu 10 MW Leistung.
Die verschiedenen Zelltypen unterscheiden sich bespielsweise in ihrer Betriebstemperatur: Niedertemperaturzellen nutzen z. B. Kalilauge als Elektrolyten und arbeiten auch bei Raumtemperatur, Hochtemperaturzellen nutzen z. B. geschmolzene Salze als Elektrolyten und benötigen Betriebstemperaturen von bis zu 1000 °C.
Trotz der Vielfalt der „Fuel Cells" handelt es sich letztlich immer um das gleiche chemische Grundprinzip. Am Minuspol wird ein energiereiches Gas (Wasserstoff, Methanol, Methan oder Kohlegas) oxidiert, am Pluspol Sauerstoff reduziert. Dies gilt beispielsweise auch für die häufig genutzte PEMFC, die „Polymer Elektrolyte Membrane Fuel Cell":
Eine Polymerfolie, die protonenleitend ist, trennt zwei poröse Kohlenstoffmatten, die mit Platin bedampft und über einen äußeren Stromkreis verbunden sind. ↑3 Am Minuspol wird Wasserstoff mithilfe des Platins in Elektronen und Protonen gespalten. Während die Elektronen über den Stromkreis zum Pluspol gelangen, diffundieren die Protonen durch die Membran dorthin. Am Pluspol reagieren dann Sauerstoffmoleküle, Elektronen und Protonen zu Wasser.

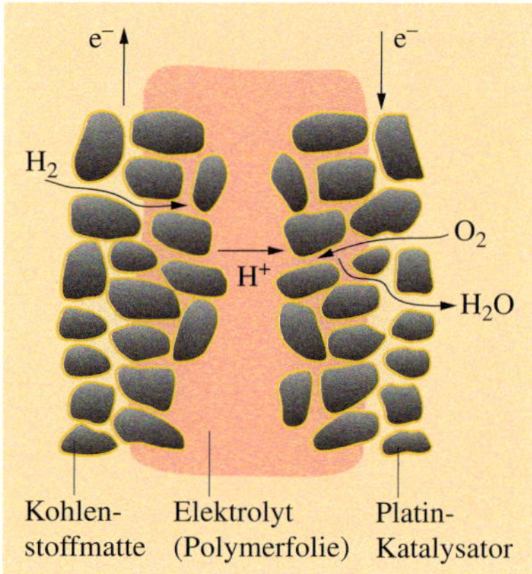

3 Schematische Darstellung einer PEMFC

Aufgaben

1 Vergleichen Sie die Knallgasreaktion mit den Vorgängen in einer Wasserstoff-Sauerstoff-Zelle.
2 Erläutern Sie, was mit dem Zitat von JULES VERNE auf Seite 29 gemeint sein könnte.
3 Informieren Sie sich über die Funktionsweise von Brennstoffzellen, die mit flüssigem Methanol (CH_3OH) betrieben werden. Entsteht bei ihrem Einsatz auch nur Wasser als Reaktionsprodukt? Kommen sie tatsächlich in Handys zum Einsatz?

Akkumulatoren

Sekundärzellen Einige galvanische Zellen können durch Zufuhr von elektrischer Energie wieder in den Ausgangszustand zurückverwandelt werden. Solche **Sekundärzellen** oder **Akkumulatoren** sind dann erneut als elektrochemische Spannungsquellen einsetzbar.

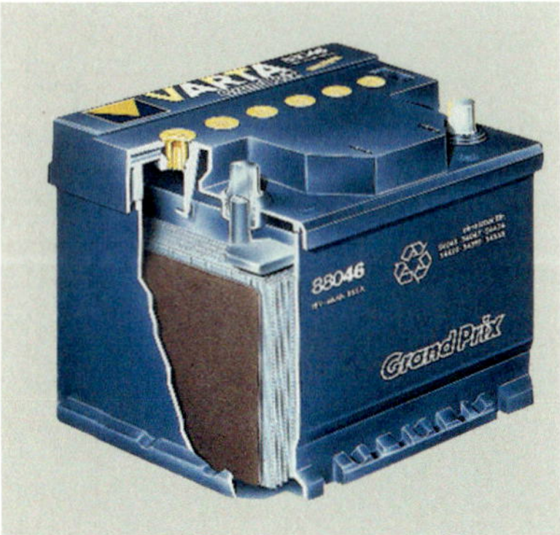

1 Bleiakkumulator

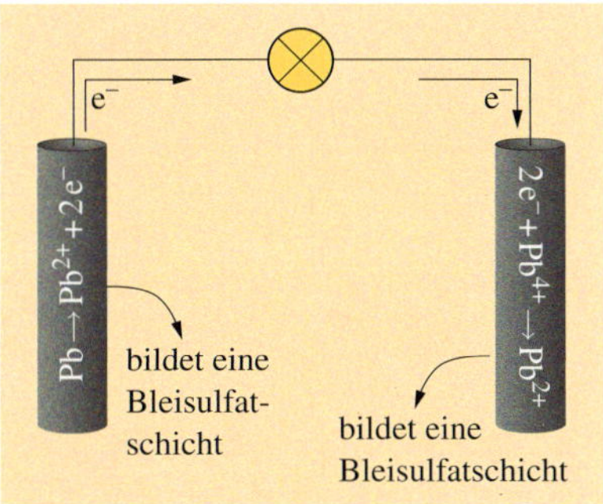

2 Entladen eines Bleiakkumulators

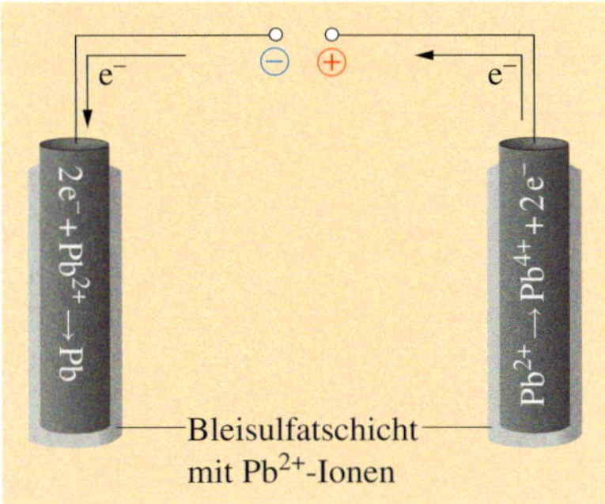

3 Laden eines Bleiakkumulators

Bleiakkumulator Der Bleiakkumulator wurde bereits um 1855 entwickelt und wird immer noch häufig in Kraftfahrzeugen als Starterbatterie verwendet. Im geladenen Zustand besteht die Oberfläche des Minuspols aus metallischem Blei, die Oberfläche des Pluspols aus Blei(IV)-oxid. Als Elektrolytlösung dient 32%ige Schwefelsäure. ↑E.11 S.28

Beim **Entladen** ↑2 eines Bleiakkumulators laufen folgende chemische Reaktionen ab.

Minuspol: $\overset{\pm 0}{Pb} + SO_4^{2-} \longrightarrow \overset{+II}{Pb}SO_4 + 2\,e^-$

Pluspol: $\overset{+IV}{Pb}O_2 + 4\,H_3O^+ + SO_4^{2-} + 2\,e^- \longrightarrow \overset{+II}{Pb}SO_4 + 6\,H_2O$

Die an beiden Elektroden gebildeten Blei(II)-Ionen reagieren mit Sulfat-Ionen zu schwer löslichem Blei(IV)-sulfat, das sich an den Elektroden ablagert. Beim Entladen erfolgt im Bleiakkumulator ein insgesamt freiwillig verlaufender Redoxprozess, bei dem eine Umwandlung von chemischer Energie in elektrische Energie stattfindet.

Die Elektrodenprozesse (ein Plattensatz) liefern eine Zellspannung von $U = 2\,V$. In einer 12-Volt-„Autobatterie" werden 6 dieser Plattensätze in Reihe geschaltet.

Beim **Laden** ↑3 eines Bleiakkumulators wird durch Anlegen einer elektrischen Spannung der Ablauf der umgekehrten Reaktion erzwungen. Elektrische Energie wird dabei in chemische Energie umgewandelt.

Minuspol: $\overset{+II}{Pb}SO_4 + 2\,e^- \longrightarrow \overset{\pm 0}{Pb} + SO_4^{2-}$

Pluspol: $\overset{+II}{Pb}SO_4 + 6\,H_2O \longrightarrow \overset{+IV}{Pb}O_2 + 4\,H_3O^+ + SO_4^{2-} + 2\,e^-$

Die Reaktionen beim Entladen und Laden können durch folgende chemische Gleichung zusammengefasst werden.

$$PbO_2 + Pb + 4\,H_3O^+ + 2\,SO_4^{2-} \underset{\text{Laden}}{\overset{\text{Entladen}}{\rightleftharpoons}} 2\,PbSO_4 + 6\,H_2O$$

Nickel-Cadmium-Akkumulator Für Kleingeräte (z.B. Akkuwerkzeuge und Handys) werden häufig Ni-Cd-Akkus eingesetzt. Sie haben eine größere Nutzungsdauer, sind kleiner und pflegeleichter als der Bleiakkumulator. Die Spannung der Zelle beträgt $U = 1{,}35\,V$. Als Elektrolytlösung wird Kalilauge verwendet.

An den Elektroden laufen vereinfacht folgende Reaktionen ab.

Minuspol: $\overset{\pm 0}{Cd} + 2\,OH^- \longrightarrow \overset{+II}{Cd}(OH)_2 + 2\,e^-$

Pluspol: $2\,\overset{+III}{Ni}O(OH) + H_2O + 2\,e^- \longrightarrow 2\,\overset{+II}{Ni}(OH)_2 + 2\,OH^-$

Beim Nickel-Cadmium-Akkumulator tritt bei häufiger Überladung und mangelnder Entladung eine Verringerung der zur Verfügung stehenden Kapazität auf. Dies wird auch als „Memory-Effekt“ bezeichnet. Ursache des klassischen „Memory-Effekts“ sind Eigenschaftsveränderungen der negativen Cadmium-Elektrode. Er tritt also nur bei Ni-Cd-Akkus auf und wird durch moderne Ladegeräte vermieden.

Nickel-Metallhydrid-Akkumulatoren Ni-MeH-Akkus kommen für fast alle Anwendungen als Ersatz für das Ni-Cd-System infrage. Ihr Hauptvorteil ist, dass sie nicht das sehr toxische Schwermetall Cadmium enthalten. Außerdem können sie pro Gewichtseinheit mehr Energie speichern. Allerdings liefern sie niedrigere Maximalströme und funktionieren bei niedrigen Temperaturen schlechter.
Ni-Cd-Akku und Ni-MeH-Akku haben einen ähnlichen Aufbau. Sie unterscheiden sich im Wesentlichen dadurch, dass der Minuspol beim Ni-MeH-Akku anstelle des Cadmiums eine Metalllegierung enthält, die Wasserstoff absorbieren kann und somit ein Metallhydrid bildet. Die Zellspannung beträgt $U = 1{,}2\,V$. Stark vereinfacht kann man die elektrochemischen Prozesse wie folgt angeben:

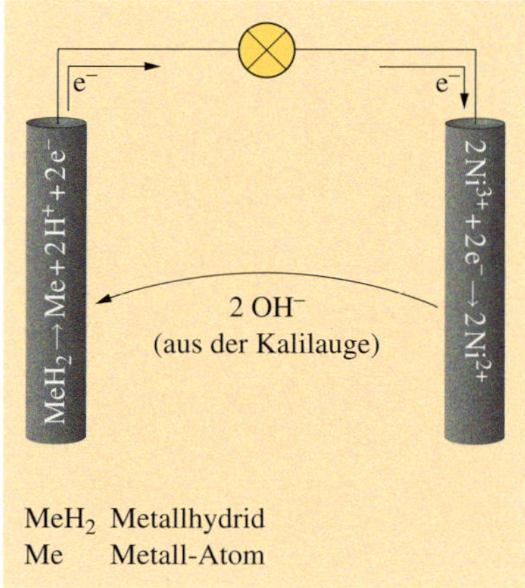

4 Entladen eines Ni-MeH-Akkus

Minuspol: $MeH_2 + 2\,OH^- \longrightarrow Me + 2\,H_2O + 2\,e^-$
Pluspol: $2\,Ni^{3+} + 2\,e^- \longrightarrow 2\,Ni^{2+}$

Lithium-Ionen-Akkumulator Der Li-Ionen-Akkumulator wird bei elektronischen Geräten mit hohem Energiebedarf genutzt, da er eine sehr hohe Energiedichte aufweist. Außerdem liefert er mit $U = 3{,}7\,V$ eine sehr hohe Zellspannung.
Der Minuspol besteht aus einer Lithium-Graphit-Verbindung, wobei die Lithiumatome zwischen den Graphitschichten eingelagert sind. Den Pluspol bilden Metalloxide, z. B. Mangan(IV)-oxid, die „Hohlräume“ besitzen, in die Lithium-Ionen reversibel eingelagert werden können.

Minuspol: $Li_2C \underset{\text{Laden}}{\overset{\text{Entladen}}{\rightleftharpoons}} 2\,Li^+ + C + 2\,e^-$

Pluspol: $2\,Li^+ + MnO_2 + 2\,e^- \underset{\text{Laden}}{\overset{\text{Entladen}}{\rightleftharpoons}} Li_2MnO_2$

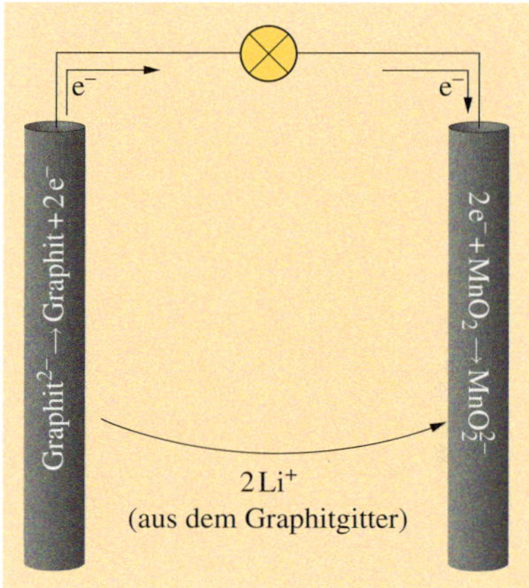

5 Entladen eines Li-Ionen-Akkus

Da elementares Lithium heftig mit Wasser reagiert, müssen Lithium-Ionen-Akkumulatoren völlig wasserfrei sein. Als Elektrolyten verwendet man daher Mischungen aus organischen Verbindungen mit Lithiumsalzen.

Aufgaben

1 Erläutern Sie die Funktionsweise eines Bleiakkumulators.
2 Vergleichen Sie Primär- mit Sekundärzellen.
3 Stellen Sie ausgehend von den Abbildungen 4 und 5 die Vorgänge beim Laden eines Ni-MeH- und eines Li-Ionen-Akkumulators zeichnerisch dar.
4 Recherchieren Sie, welche Akkumulatoren derzeit in Elektroautos zum Einsatz kommen, und stellen Sie deren chemische Grundprinzipien dar.
5 Erkundigen Sie sich, woran es liegt, dass die handelsüblichen Ni-MeH-Akkus trotz gleicher Größe unterschiedliche Speicherkapazitäten aufweisen.

Im Labor Elektrolysen durchführen

15 Elektrolyse einer Kupfer(II)-sulfatlösung

Materialien: Becherglas (100 ml), Netzgerät, 2 Kabel, 2 Klemmen, 2 Kohleelektroden.
Chemikalien: Kupfer(II)-sulfatlösung ($c = 1\,mol \cdot l^{-1}$).
Durchführung: Bauen Sie den Versuch gemäß der Abbildung auf. Achten Sie darauf, dass sich die Elektroden nicht berühren. Außerdem müssen die Elektroden mit den blanken Zähnen der Klemmen guten Kontakt haben. Legen Sie für eine Minute eine Gleichspannung von 4 V an.

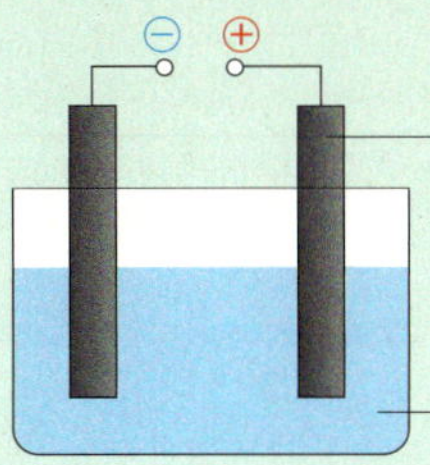

Auswertung: Prüfen Sie, an welcher Elektrode eine deutliche Veränderung eingetreten ist. Formulieren Sie die entsprechenden Teilgleichungen. Kennzeichnen Sie Plus- und Minuspol als Ort von Oxidation und Reduktion.
Entsorgung: Reste in Sammelbehälter II geben.

16 Elektrolyse von Wasser

Materialien: Becherglas (100 ml), Netzgerät, 2 Kabel, 2 Klemmen, 2 Kohleelektroden.
Chemikalien: verdünnte Schwefelsäure (GHS 07), destilliertes Wasser.
Durchführung: Bauen Sie den Versuch wieder wie in der obigen Abbildung auf, geben Sie jetzt aber nicht Kupfersulfatlösung, sondern destilliertes Wasser in das Becherglas. Legen Sie dann für eine Minute eine Gleichspannung von 4 V an.
Nehmen Sie die Elektroden aus dem Becherglas und schalten Sie das Netzgerät ab. Fügen Sie etwa 1 ml verdünnte Schwefelsäure zu dem Wasser zu und schütteln Sie um. Legen Sie dann wieder eine Gleichspannung von ca. 4 V an.
Auswertung: Vergleichen Sie Ihre Beobachtungen vor und nach Zugabe der Schwefelsäure. Erklären Sie, welche Rolle die Schwefelsäure spielt.
Entsorgung: Reste in Sammelbehälter I geben.

17 Elektrolyse einer Zinkiodidlösung

Materialien: 5 Reagenzgläser, U-Rohr, 2 durchbohrte Stopfen, Netzgerät, 2 Kabel, 2 Klemmen, 2 Kohleelektroden, Pasteurpipette.
Chemikalien: Zinkiodidlösung ($c = 0{,}1\,mol \cdot l^{-1}$), Iodlösung (Lugol'sche Lösung, I_2, $c = 0{,}2\,mol \cdot l^{-1}$), Stärkelösung ($w = 1\,\%$), destilliertes Wasser.
Durchführung Vorversuch: Füllen Sie in drei Reagenzgläser ca. 2 cm destilliertes Wasser. In das erste Reagenzglas geben Sie einige Tropfen Zinkiodidlösung, in das zweite einige Tropfen Iodlösung. Das dritte Reagenzglas dient der Kontrolle. Versetzen Sie alle drei Reagenzgläser mit einigen Tropfen Stärkelösung. Schütteln Sie alle Reagenzgläser um.
Auswertung Vorversuch: Erläutern Sie, für welchen Stoff die Stärkelösung ein Nachweisreagenz ist.
Durchführung Hauptversuch: Füllen Sie ein U-Rohr zu etwa drei Vierteln mit Zinkiodidlösung. Verschließen Sie das Rohr auf beiden Seiten mit durchbohrten Gummistopfen, durch die Sie Kohleelektroden stecken, sodass diese in die Lösung tauchen.
Schließen Sie die Elektroden an das Netzgerät an. Legen Sie für eine Minute eine Gleichspannung von 4 V an, bis an der Anode (am Plus-Pol der Stromquelle) eine deutliche Farbänderung eingetreten ist.
Entfernen Sie vorsichtig die Elektroden, ohne die Flüssigkeiten der beiden Schenkel zu durchmischen. Entnehmen Sie dann beiden Schenkeln mit einer Pasteurpipette je eine Probe. Führen Sie damit die im Vorversuch beschriebene Nachweisreaktion durch.
Notieren Sie Ihre Beobachtungen während des Hauptversuchs und der anschließenden Nachweisreaktion.
Auswertung: Werten Sie den Hauptversuch aus. Deuten Sie das Ergebnis. Geben Sie an, welcher Nachweis erbracht wird.
Identifizieren Sie den farbigen Stoff im Bereich der positiv geladenen Elektrode.
Geben Sie für die abgelaufene Reaktion die Teilgleichungen für Oxidation und Reduktion sowie die Gesamtgleichung an.
Entsorgung: Reste in Sammelbehälter II geben.

Elektrolysen

Elektrolyse einer Zinkiodidlösung Wird Zinkstaub mit Iodkristallen in Wasser miteinander zur Reaktion gebracht, so erwärmt sich das Reaktionsgemisch unter gleichzeitiger Entfärbung der Lösung. Iod und Zink reagieren in einer exothermen Redoxreaktion zu Zinkiodid, wobei Zink gemäß seiner Stellung in der Redoxreihe als Elektronendonator und Iod als Elektronenakzeptor reagiert. ↑E.18

Werden zwei Elektroden in diese Zinkiodidlösung eingetaucht und über ein Amperemeter mit einer Stromquelle verbunden, so fließt bei hinreichend hoher Spannung ein messbarer elektrischer Strom. Gleichzeitig lässt sich beobachten, dass sich die Elektrode am Minuspol der Stromquelle mit einer dunklen Metallschicht überzieht. Die Lösung um die Elektrode am Pluspol herum verfärbt sich gelb. ↑E.17

Offensichtlich bildet sich an der einen Elektrode Zink, das an seiner metallisch grauen Farbe erkennbar ist, und an der anderen Elektrode Iod, das die Lösung gelb färbt. Die Reaktionsgleichungen zu diesen beiden Prozessen lauten:

EXPERIMENT 18 [L]
Reaktion von Zink mit Iod
Die Temperatur in einem mit etwas Wasser gefüllten, großen Reagenzglas wird gemessen. Dann werden dazu etwa 1 g Zinkstaub (GHS 02/09) und 4 g Iod (GHS 07/09) gegeben. Das Reagenzglas wird mit einem Gummistopfen verschlossen und mehrfach umgeschüttelt. Danach wird fortwährend die Temperatur gemessen.

Elektronenabgabe: $2\,I^- \longrightarrow I_2 + 2\,e^-$

Elektronenaufnahme: $Zn^{2+} + 2\,e^- \longrightarrow Zn$

Gesamtgleichung: $2\,I^- + Zn^{2+} \longrightarrow I_2 + Zn$

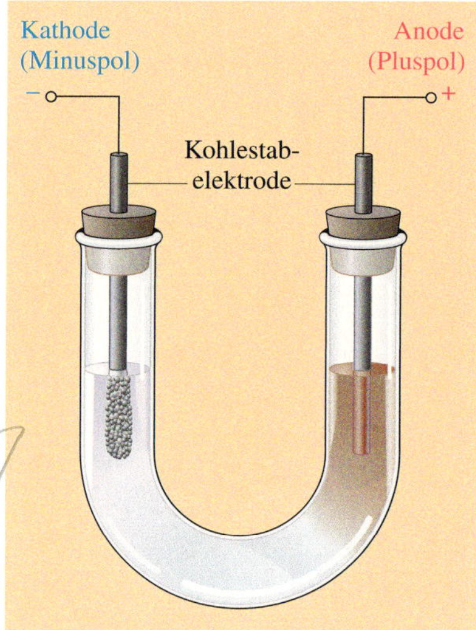

1 Elektrolyse einer Zinkiodidlösung

Da die Iodid-Ionen unter Elektronenabgabe reagieren, werden sie also oxidiert. Die Elektrode, an der die Oxidation einer elektrochemischen Reaktion stattfindet, wird als **Anode** bezeichnet. An der **Kathode** hingegen findet die Reduktion statt: Hier reagieren Zink-Ionen unter Elektronenaufnahme zu Zinkatomen. ↑1

Ihrer Stellung in der Redoxreihe nach sind Iodid-Ionen schwache Elektronendonatoren. Sie reagieren demnach mit Zink-Ionen als Elektronenakzeptoren nicht. Möglich wird dies erst durch die Stromquelle: Sie transportiert Elektronen von der Elektrode am Pluspol weg, die daraufhin positiv geladen ist, hin zur Elektrode am Minuspol, die nun eine negative Ladung trägt.

Die positiv geladene Elektrode übt auf die negativ geladenen Iodid-Ionen eine Anziehungskraft aus; gelangen die Anionen dadurch in die Nähe der Anode, so vermag diese den Iodid-Ionen ein Elektron zu entreißen. Somit werden die Iodid-Ionen zu Iodatomen reduziert. ↑2

Die einzelnen Iodatome verbinden sich an der Elektrode in einem sofortigen Folgeschritt zu Iodmolekülen, die für die Gelbfärbung der Lösung verantwortlich sind.

Auf der anderen Seite des Versuchsaufbaus werden die Zink-Kationen von der negativ geladenen Elektrode angezogen. Die Metall-Ionen nehmen an der Kathode jeweils zwei Elektronen auf und werden damit zu Zinkatomen reduziert, die sich an der Elektrodenoberfläche anlagern und einen Zinküberzug bilden.

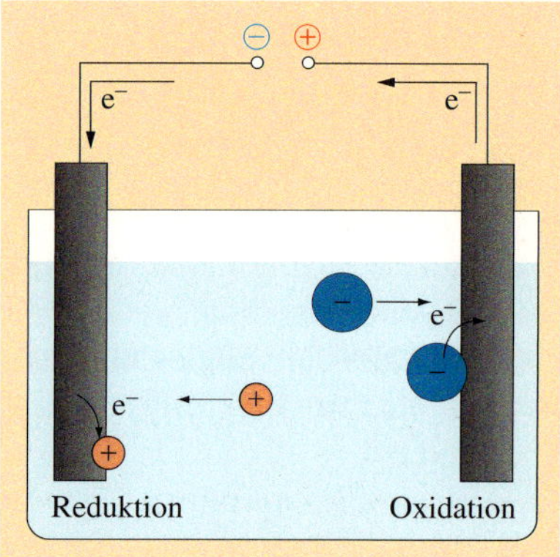

2 Ionenwanderung, Oxidation und Reduktion bei der Elektrolyse

Energiebetrachtung der Elektrolyse Zink und Iod reagieren – auch in wässriger Lösung – miteinander zu Zinkiodid. Diese Reaktion läuft freiwillig ab und ist exotherm, setzt also Energie frei. Die Elektrolyse von

Zinkiodidlösung ist genau die Umkehrung dieser Reaktion. Die Elektrolyse läuft daher auch nicht freiwillig ab, sondern nur bei Zufuhr von Energie. Eigentlich müsste bei der Elektrolyse von Zinkiodidlösung genau die Energie nötig sein, die vorher bei der Bildung der Zinkiodidlösung frei wurde. Tatsächlich muss man aber sogar noch etwas mehr Energie einsetzen. Dies hat folgenden Grund: Die im elektrischen Feld wandernden Ionen stoßen immer wieder mit anderen Teilchen der Lösung zusammen und geben dabei einen Teil ihrer Bewegungsenergie in Form von Wärme ab. Während der Elektrolyse erwärmt sich daher der Elektrolyt. Die Elektrolyse ist also nicht frei von energetischen Verlusten. ↑E.19

EXPERIMENT 19 [L]
Verlustwärme bei einer Elektrolyse
Die Temperatur einer verdünnten Schwefelsäurelösung (GHS 07) wird ermittelt. Dann wird diese Lösung für etwa eine Minute elektrolysiert. Im Anschluss wird wieder die Temperatur bestimmt.

Elektrochemische Reaktionen, die nicht freiwillig ablaufen, sondern deren Verlauf durch elektrischen Strom erzwungen wird, werden als Elektrolyse bezeichnet.

Weitere Elektrolysen Durch Elektrolyse lassen sich viele weitere Metall-Ionen reduzieren. Die Elektrolyse einer wässrigen Kupfersulfatlösung ergibt beispielsweise an der Kathode einen Kupferüberzug. An der Anode wird hingegen Sauerstoff frei, da die im Wasser enthaltenen Hydroxid-Ionen eher oxidiert werden als die Sulfat-Ionen: ↑E.15 S.36

Reduktion: $2\,Cu^{2+} + 4\,e^- \longrightarrow 2\,Cu$
Oxidation: $4\,OH^- \longrightarrow O_2 + 2\,H_2O + 4\,e^-$

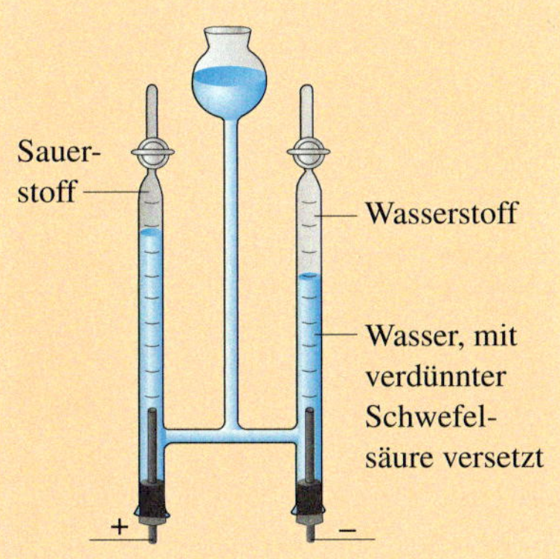

1 Hofmann-Zersetzungsapparat zur Elektrolyse von schwefelsaurem Wasser

Grundsätzlich lassen sich durch Elektrolyse nur diejenigen Metalle aus ihren Lösungen abscheiden, die mit Wasser nicht selbst reagieren. Da unedle Metalle wie die Alkali- und Erdalkalimetalle mit Wasser zu Wasserstoff und den entsprechenden Hydroxiden reagieren, können diese Metalle nicht durch Elektrolyse ihrer Salzlösungen hergestellt werden. Hier werden Verfahren angewandt, bei denen die Salze bei hohen Temperaturen geschmolzen und dann elektrolysiert werden.
Bei der Elektrolyse von reinem Wasser ergibt sich das Problem, dass das Wassermolekül Elektronen abgeben bzw. aufnehmen müsste. Die Elektronenübertragung an das ungeladene Wassermolekül ist jedoch stark gehemmt und verläuft erst dann, wenn man durch eine Säure H^+-Ionen oder durch eine Lauge OH^--Ionen zufügt. ↑1 ↑E.16 S.36

Reduktion: $4\,H^+ + 4\,e^- \longrightarrow 2\,H_2$
Oxidation: $4\,OH^- \longrightarrow O_2 + 2\,H_2O + 4\,e^-$

Aufgaben

1 Erläutern Sie die Funktionsweise des Hofmann-Zersetzungsapparats.

2 Stellen Sie die Teilgleichungen und die Gesamtgleichung der Elektrolyse einer Blei(II)-iodidlösung (PbI_2) auf.

3 Erklären Sie, warum sich ein Akkumulator beim Laden erwärmt. Begründen Sie, warum sich sowohl ein Akkumulator als auch eine Batterie auch beim Entladen erwärmen.

4 Nach der Elektrolyse einer Zinkiodidlösung ist an den Elektroden eine Spannung zu messen. Es lässt sich damit sogar ein kleiner Elektromotor betreiben. Versuchen Sie dafür eine Erklärung zu finden.

5 Die Elektrolyse von geschmolzenem Lithiumchlorid (LiCl) ergibt an der Kathode ein grauschwarzes Produkt, das sich in Wasser unter heftigem Zischen löst. Diese Lösung reagiert alkalisch. Erklären Sie und geben Sie Reaktionsgleichungen an.

Großtechnische Elektrolysen

Technische Bedeutung der Elektrolyse Elektrolysen haben in der Technik aus unterschiedlichen Gründen große Bedeutung bei der **Herstellung von Metallen und Nichtmetallen**. Das Element Fluor beispielsweise ist ein extrem starkes Oxidationsmittel. Da es nicht durch Oxidation mit einem noch stärkeren Oxidationsmittel gewonnen werden kann, bleibt nur die erzwungene Redoxreaktion mittels Elektrolyse. Ähnliches gilt für das starke Oxidationsmittel Chlor: Zwar wird Chlor im Labor- und Schulmaßstab oft durch Oxidation von Natriumchlorid durch Kaliumpermanganat hergestellt, aber dieser Syntheseweg ist in wirtschaftlicher Hinsicht uninteressant. ↑E.20,21

Ebenso verhält es sich mit der Synthese starker Reduktionsmittel: Aluminium wurde Mitte des 19. Jahrhunderts zunächst durch Reduktion mit dem noch stärkeren, aber teuren Reduktionsmittel Natrium aus Aluminiumchlorid hergestellt; heute wird Aluminium ausschließlich durch Elektrolyse von Aluminiumoxid hergestellt.

Neben der Synthese spielt die Elektrolyse aber auch bei der **Oberflächenbehandlung** eine Rolle: Durch Elektrolyse einer Zinksulfatlösung scheidet sich an der Kathode ein Zinküberzug ab. Dieses Verfahren macht man sich beim galvanischen Verzinken zunutze, wodurch ein Werkstück mit einem ebenmäßigen, dünnen Zinküberzug vor Oxidation geschützt werden kann.

Da das Verfahren der Elektrolyse sehr variabel ist, lassen sich auch Metalle wie Nickel, Chrom oder gar Gold abscheiden, sodass der zu schützende Gegenstand zudem noch eine ästhetische Aufwertung erfährt. Neben vergoldetem Schmuck können auf diese Weise auch z. B. vergoldete Elektrokontakte hergestellt werden, die nicht oxidieren und daher von besonderem technischem Interesse sind.

Die Chlor-Alkali-Elektrolyse Ob zur Herstellung von Kunststoffen, als Zwischenprodukt der chemischen Industrie, als Hypochlorid im Haushaltsreiniger oder einfach zur Entkeimung von Trinkwasser: Chlor ist ein Industrierohstoff von großer Bedeutung. Allein in Deutschland wurden 2005 etwa 4,4 Mio. t hergestellt. Allerdings ist Chlor sehr giftig, ebenso wie eine Reihe von Chlorverbindungen und deren Verbrennungsprodukte. Der Einsatz muss daher sorgfältig abgewogen werden.

Chlor wird durch Elektrolyse von Kochsalzlösungen hergestellt. Dabei entstehen als Nebenprodukte Natronlauge und Wasserstoff. ↑E.22

Der Ausgangsstoff Natriumchlorid findet sich in Form von großen Steinsalzlagerstätten z. B. in den Alpen (Bad Reichenhall, Hallein, Hallstatt). Das Salz muss von Fremd-Ionen wie Mg^{2+} oder SO_4^{2-} befreit werden und wird dann als Sole in große Elektrolysezellen geleitet.

Das starke Oxidationsmittel Chlor und die aggressive Natronlauge als Reaktionsprodukte stellen dabei an das Elektrodenmaterial und die Elektrolysezellen hohe Anforderungen.

Die Elektrolyse wird bei einer Spannung von wenigen Volt und Stromstärken von etwa 500 000 A durchgeführt. ↑vgl. E.23 S.40 Pro Stunde entstehen unter diesen Bedingungen rund 600 kg Chlor. Moderne Großanlagen bestehen aus mehr als 60 einzelnen Elektrolysezellen mit einer Produktionsleistung von mehr als 300 000 t Chlor pro Jahr.

EXPERIMENT 20 [L]
Herstellung von Chlor im Labor
Abzug!
In ein großes Reagenzglas werden erbsengroße Mengen von Natriumchlorid und Kaliumpermanganat ($KMnO_4$, GHS 03/07/09) gegeben. Dazu wird wenig halbkonzentrierte Schwefelsäure (GHS 05) getropft. Das Reagenzglas wird sofort mit einem durchbohrten Stopfen verschlossen, durch den ein Gärröhrchen mit Wasser gesteckt ist.

EXPERIMENT 21 [L]
Nachweis des Oxidationsmittels Chlor in Chlorwasser
Zu einer verdünnten Kaliumiodidlösung wird Chlorwasser (GHS 07) aus Versuch 20 getropft. Zu der entstandenen gelben Lösung wird wenig Stärkelösung gegeben. Alternativ kann Kaliumiodid-Stärke-Papier angefeuchtet über frisch bereitetes Chlorwasser gehalten oder in Chlorwasser eingetaucht werden.

EXPERIMENT 22 [L]
Elektrolyse einer Natriumchloridlösung
Ein U-Rohr mit Gasableitung wird zu drei Vierteln mit Kochsalzlösung ($c = 1\,mol \cdot l^{-1}$) gefüllt. Das Rohr wird mit Stopfen und Elektroden verschlossen. Während der Elektrolyse bei etwa 4 V wird mit feuchtem Kaliumiodid-Stärke-Papier das entstehende Gas (GHS 06/09) geprüft. Nach der Elektrolyse wird der pH-Wert im Anoden- und im Kathodenraum bestimmt.

EXPERIMENT 23 [L]
Stromstärke bei der Elektrolyse
Eine Chromatografiekammer wird mit verdünnter Kochsalzlösung gefüllt. Zwei Plattenelektroden aus Graphit werden über ein Amperemeter und eine Glühlampe mit einer Spannungsquelle ($U = 4\,V$) verbunden. Die Elektroden werden gleichzeitig langsam immer tiefer in den Elektrolyten abgesenkt. Danach wird der Elektrodenabstand vergrößert bzw. verkleinert.

Es gibt verschiedene technische Verfahren, die sich jeweils für Solen unterschiedlicher Qualität besser eignen und Natronlaugen verschiedener Reinheit liefern. Davon soll hier nur das **Membranverfahren** vorgestellt werden. Beim Membranverfahren sind der Anoden- und der Kathodenraum durch eine nur für Kationen durchlässige Trennwand (Membran) voneinander getrennt.
Während der Elektrolyse bildet sich an der Anode Chlor, das abgeführt wird. Die Anode besteht aus aufgerautem Titan, das eine große Oberfläche aufweist und gegen das Chlor weitgehend unempfindlich ist.
Durch diese Oxidation der Chlorid-Ionen werden stetig negative Ladungsträger aus dem Anodenraum entfernt, der sich dadurch positiv aufladen würde. Zum Ladungsausgleich werden daher die positiv geladenen, verbliebenen Natrium-Ionen des Natriumchlorids durch die Membran in den Kathodenraum getrieben. ↑1 Der umgekehrt denkbare Prozess, ein Wandern von Chlorid-Ionen aus dem Kathodenraum in den Anodenraum, wird durch eine spezielle, ionenselektive Beschichtung der Membran unterbunden.
An der Kathode werden Hydronium-Ionen zu Wasserstoff reduziert:

$2\,H_3O^+ + 2\,e^- \longrightarrow H_2 + 2\,H_2O$ und als Folgereaktion
$2\,H_2O + 2\,e^- \longrightarrow H_2 + 2\,OH^-$

Eine Abscheidung von elementarem Natrium ist an der Kathode nicht möglich, da dieses in wässriger Umgebung sofort Wasserstoff und Natriumhydroxid bilden würde. Auf diese Weise werden insgesamt im Kathodenraum Hydronium-Ionen durch Natrium-Ionen ersetzt, wodurch sich Natronlauge [NaOH (aq)] bildet. ↑1 Die Gesamtreaktionsgleichung der Chlor-Alkali-Elektrolyse lautet damit:

$$2\,HOH + 2\,NaCl \longrightarrow H_2 + 2\,NaOH + Cl_2$$

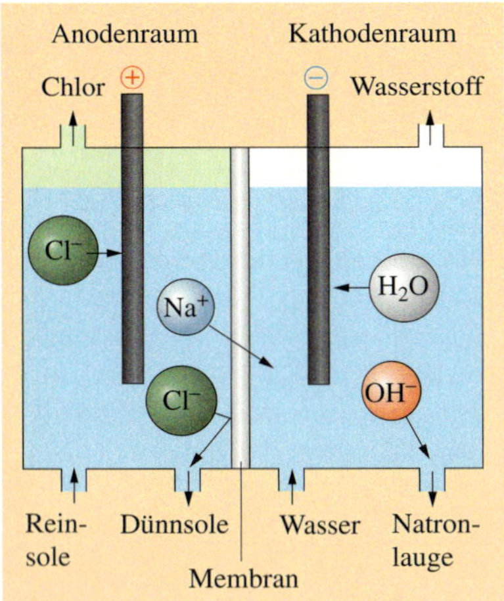

1 Schematische Darstellung des Membranverfahrens

Aus dem Kathodenraum kann ständig etwa 33%ige Natriumhydroxidlösung entnommen werden. Gleichzeitig wird dem Anodenraum frische Kochsalzlösung zugeführt. Solche kontinuierlichen Prozesse zeichnen sich durch eine höhere Wirtschaftlichkeit aus, da die Produktion nicht zur Entnahme der Produkte und zum Beschicken mit frischen Edukten unterbrochen werden muss.
Die Natronlauge kann in flüssiger Form in der Industrie weiterverwendet werden. Alternativ kann die Lösung auch eingedampft werden; so gelangt Natriumhydroxid als linsengroße Plätzchen in den Handel.
Das produzierte Chlorgas wird gekühlt, entwässert und durch Verdichtung für Lagerung und Transport verflüssigt. Der Wasserstoff schließlich wird ebenfalls gekühlt, getrocknet und auf 200 bar verdichtet. Er wird entweder in Stahlflaschen abgefüllt oder gleich im erzeugenden Betrieb weiterverwendet.
Im 19. Jahrhundert war das Ziel der Chlor-Alkali-Elektrolyse noch die begehrte Natriumhydroxidlösung. Das Chlor war damals nur ein Abfallprodukt, für das es Verwendungsmöglichkeiten zu erschließen galt.

Chlor ist ein wichtiger Grundstoff der chemischen Industrie. Er wird durch Elektrolyse von Natriumchloridlösung hergestellt, wobei auch Wasserstoff und Natronlauge anfallen.

Elektrolysen zum Oberflächenschutz Um die Korrosion von Metallen zu unterbinden, können diese mit verschiedenen Metallüberzügen versehen werden. Vergoldete Gegenstände sehen nicht nur edel aus: Gold oxidiert selbst unter ungünstigen Bedingungen nicht. Vergoldete Schaltkontakte gelten daher zu Recht als besonders zuverlässig. ↑2 Auch Silberbesteck wird galvanisch beschichtet. Dabei wird auf einer Gabel aus Messing durch Elektrolyse eine Silberschicht abgeschieden. Das elektrolytische Abscheiden von Metallen heißt **Galvanisieren.** ↑E.24
Beim Versilbern wird das Werkstück dazu in eine Silbercyanidlösung als Elektrolyt gebracht und als Kathode geschaltet. Als Anode dient eine Silberelektrode. Dort geht Silber in Lösung. ↑3

$$Ag\ (s) \longrightarrow Ag^+\ (aq) + e^-$$

Die Cyanid-Ionen gehen dabei im Elektrolyten eine sehr stabile Verbindung mit den Silber-Ionen ein, sodass die Lösung keine freien Silber-Ionen enthält. Denn diese würden sich sofort unkontrolliert auf dem Werkstück abscheiden. Erst durch die anliegende Spannung wird es möglich, dass sich Silber auf der Kathode abscheidet. So entsteht eine sehr ebenmäßig erscheinende Silberauflage; entsprechend kann auch vergoldet werden. Wegen der Giftigkeit des Cyanids und des Umgangs mit Schwermetallen gelten in Galvanikbetrieben besondere Verordnungen zur Anlagensicherheit und Abwasserentsorgung.
Zum Schutz vor Korrosion werden aber nicht nur Edelmetallüberzüge verwendet. Industriestandard ist gerade das **Verzinken** von Stahlblechen, entweder durch Eintauchen in geschmolzenes Zink oder durch Galvanisieren. Das unedle Zink bildet an seiner Oberfläche an der Luft eine äußerst dichte und widerstandsfähige Oxidschicht, die weitere Reaktionen verhindert. Wird der Lack eines verzinkten Autoblechs oder die Zinkschicht durch einen tiefen Kratzer beschädigt, ist das frei liegende, blanke Stahlblech aber weiterhin geschützt. Denn das unedle Zink reduziert aus dem Stahlblech entstehende Eisen-Ionen wieder zu Eisen.
Beim Galvanisieren werden die Werkstücke als Kathode in eine etwa 30%ige Zinksulfatlösung getaucht. Die Anode besteht aus Zink und geht während des Galvanisierens langsam in Lösung. Oft wird dem Elektrolyten beim Verzinken Vanillin oder Zimtaldehyd zugegeben: Diese Stoffe sorgen nicht etwa für einen frischen Duft, sondern für einen schönen Glanz der verzinkten Oberflächen. Stehen ästhetische Aspekte im Vordergrund, so kann auch vernickelt oder verchromt werden.

2 Vergoldete Steckverbindungen

EXPERIMENT 24 [L]
Verkupfern eines Schlüssels
Ein gereinigter Schlüssel oder Nagel (Eisen, nicht verzinkt oder verchromt) und ein Stück Kupferblech werden als Kathode bzw. Anode an eine Gleichstromquelle angeschlossen. Bei einer Spannung von etwa 4 V wird mit Kupfersulfatlösung ($c = 0{,}1\ mol \cdot l^{-1}$) als Elektrolyten für einige Minuten elektrolysiert. Anschließend wird das Werkstück mit Wasser und mit Ethanol (GHS 02) abgespült und getrocknet.

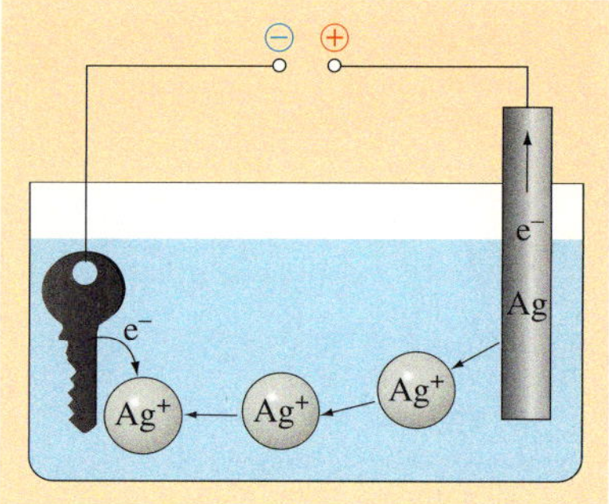

3 Versilbern eines Schlüssels aus Eisen

Aufgaben

1 In einer gewöhnlichen Leuchtstoffröhre mit einer Leistung von 46 W fließt ein Strom von gerade einmal 200 mA. Schätzen Sie die Stromstärke der gesamten Lichtleistung Ihrer Schule ab und vergleichen Sie sie mit der Stromstärke einer Chlor-Alkali-Elektrolysezelle.

2 Berechnen Sie die Stoffmenge von $m = 1$ kg NaCl. Ermitteln Sie, welche Stoffmengen und Massen an Cl_2, H_2 und NaOH daraus gebildet werden können.

3 Beschreiben Sie, wie bei der Produktion von Chlor Kalilauge produziert werden kann. Recherchieren Sie, wo es entsprechende Lagerstätten für das notwendige Edukt gibt.

4 Stellen Sie die Oxidations- und Reduktionsteilgleichung des Verzinkens auf.

5 Begründen Sie, warum durch Galvanisieren aus Lösungen keine Metallüberzüge aus Aluminium, Magnesium oder Calcium erzeugt werden können.

Ohne Kupfer geht es nicht

Kupfer überall Vom Kühlschrank bis zum Computer, von der Wasserleitung bis zum Stromkabel: Kupfer ist, aufgrund seiner besonderen Eigenschaften, allgegenwärtig. Es leitet ausgezeichnet sowohl Wärme als auch den elektrischen Strom und ist außerdem recht korrosionsbeständig. Deswegen werden Wasserleitungen im Haus gerne aus Kupfer gefertigt. Elektrische Leitungen bestehen aus Kupfer, da sie dann bei dünnem Querschnitt mit hohen Stromstärken belastet werden können. Und obwohl ein Kabel aus dem ähnlich gut leitenden Aluminium viel leichter wäre, wird Kupfer der Vorzug gegeben: Aluminium ist viel spröder und würde wegen Materialermüdung bald brechen. Nur reines Kupfer verbindet hohe mechanische Flexibilität und geringen elektrischen Widerstand. In elektronischen Geräten werden die einzelnen Bausteine auf Leiterplatten gesetzt und mit extrem dünnen Kupferbahnen verbunden; sie ergeben so ein Motherboard oder eine Grafikkarte. Und nicht zuletzt sind wegen der hervorragenden Wärmeleitfähigkeit hochwertige Kühlkörper für moderne Prozessoren aus Kupfer gefertigt.

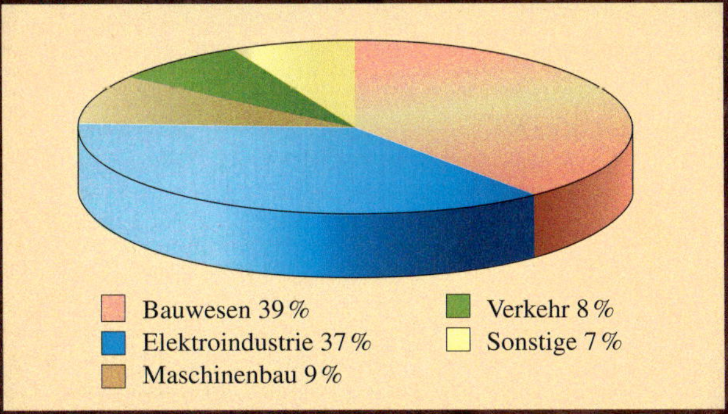

1 Verwendung von Kupfer

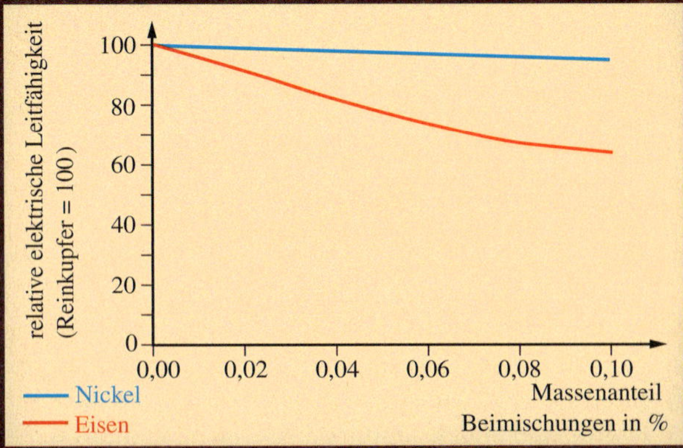

2 Einfluss von Verunreinigungen auf die elektrische Leitfähigkeit von Kupfer

Kupfergewinnung aus Kupfererzen Kupfer ist in vielen unterschiedlichen Erzen enthalten. Je nach Zusammensetzung ist der Weg zur Gewinnung des Metalls unterschiedlich. Im einfachsten Fall liegt das Kupfer als Kupferglanz (Chalkosin, Cu_2S) vor. Dieses wird in einem Konverter bei 900 °C mit Luftsauerstoff umgesetzt. Etwa 2/3 des Kupfersulfids werden dabei zu Kupferoxid umgewandelt. Dieser Vorgang wird „Rösten“ genannt. Kupferoxid und das restliche Kupfersulfid reagieren dann zu metallischem Kupfer und Schwefeldioxid:

$$2\,Cu_2S + 3\,O_2 \longrightarrow 2\,Cu_2O + 2\,SO_2$$
$$Cu_2S + 2\,Cu_2O \longrightarrow 6\,Cu + SO_2$$

$$3\,Cu_2S + 3\,O_2 \longrightarrow 6\,Cu + 3\,SO_2$$

In der Bruttogleichung werden demnach Kupfer und Sauerstoff reduziert und Schwefel oxidiert. Das so hergestellte Rohkupfer hat einen Reinheitsgrad von etwa 95 % und muss weiter aufgearbeitet werden.

Kupfer ist selten Kupfer ist ein seltenes und damit ein vergleichsweise teures Metall. Daher ist die Ausbeutung von Erzen selbst mit einem Kupferanteil von nur 0,5 % noch wirtschaftlich. Um höhere Konzentrationen zu erreichen, bedient man sich dabei der Methode des Auslaugens (engl. leaching): Über sulfidische Kupfererze lässt man verdünnte Schwefelsäure rieseln und fängt die Lauge auf, wobei aus schwer löslichem Kupfersulfid eine bläuliche Kupfersulfatlösung entsteht:

$$CuS\,(s) + H_2SO_4\,(aq) \longrightarrow CuSO_4\,(aq) + H_2S\,(g)$$

Eine andere Möglichkeit besteht darin, die Kupfererze mit Schwefelbakterien auszulaugen. Bei diesem als Bioleaching bezeichneten Verfahren werden Sulfid-Ionen bakteriell enzymatisch mit Luftsauerstoff oxidiert und in ein Sulfat-Ion umgewandelt:

$$CuS\,(aq) + 2\,O_2\,(g) \longrightarrow CuSO_4\,(aq)$$

Die entstandenen, stark verdünnten Kupfersulfatlösungen werden dann über Eisenschrott geleitet, an dem durch Zementation das Kupfer elementar abgeschieden wird:

$$CuSO_4\,(aq) + Fe\,(s) \longrightarrow FeSO_4\,(aq) + Cu\,(s)$$

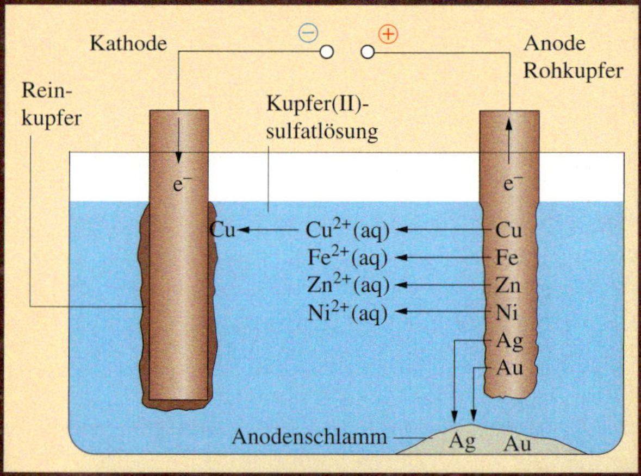

3 Schematische Darstellung der Kupferraffination

Elektrolytische Raffination von Rohkupfer Rohkupfer ist selbst mit 99 % Reinheit für die meisten Anwendungen nicht geeignet und muss weiter aufbereitet werden. Die „Verunreinigungen" bestehen dabei zu einem erheblichen Teil aus wertvollen Edelmetallen, aber auch aus Eisen, Kobalt, Nickel und anderen Metallen.
Zur elektrolytischen Raffination, wie sie z. B. bei der Frankfurter Degussa praktiziert wurde, wird das Rohkupfer in Form großer, 3 cm dicker Anodenplatten in eine schwefelsaure Kupfersulfatlösung gehängt. Als Kathode dienen dünne, gleich große Feinkupferbleche. Beim Einschalten des Stroms geht das Anodenkupfer unter Oxidation in Lösung. Gleiches gilt für die unedleren Metalle. Die im Kupfer enthaltenen Edelmetalle werden hingegen nicht oxidiert und bilden, während sich die Anode langsam auflöst, den Anodenschlamm. Im Verlauf der Elektrolyse werden die Kupfer-Ionen an der Kathode zu nun reinem Kupfer reduziert. Eisen, Kobalt und Nickel hingegen verbleiben im Elektrolyten, der sich mit den Ionen dieser Metalle anreichert und regelmäßig ausgetauscht werden muss. Der edelmetallreiche Anodenschlamm kann wiederum elektrolytisch raffiniert werden. Für die Raffination von 1 kg Rohkupfer muss eine elektrische Energie von nur etwa 0,2 kWh aufgewandt werden.

Kupferrecycling Da Kupfer verhältnismäßig teuer ist, lohnt sich das Recycling auch dann, wenn der Anteil in Gebrauchsgegenständen oder elektronischen Geräten verhältnismäßig klein ist. Selbst die größte Kupferhütte Europas, die Norddeutsche Kupferaffinerie, gewinnt aus Leiterplatten wieder Kupfer; hierbei werden die kupferhaltigen Abfälle genau wie Kupfererze aufgearbeitet. Das Unternehmen verarbeitet z. B. jährlich mehr als 1000 t Platinen.

4 Frisches reines Elektrolytkupfer

Arbeitsaufträge

1 Recherchieren Sie historische Kupferabbaugebiete in Deutschland und heutige Kupferminen weltweit.

2 Ermitteln und begründen Sie, bei welchem der Vorgänge auf Seite 42 es sich um eine Redoxreaktion handelt.

3 Recherchieren Sie die aktuellen Tagespreise für Kupfer, Silber und Gold und vergleichen Sie. Ermitteln Sie den Materialwert der Lautsprecherkabel einer Surroundsound-Anlage, wenn insgesamt 1 kg Kupfer verlegt wird.

4 Berechnen Sie, ob sich die elektrolytische Reinigung des Rohkupfers bei einem Silbergehalt von 1 % deckt. Legen Sie den aktuellen Silber- und Haushaltsstrompreis zugrunde.

5 Informieren Sie sich, wie und wo in Ihrer Stadt oder Kommune Elektrokleingeräte und Elektronikschrott zu entsorgen sind.

6 Informieren Sie sich über die Degussa AG bei Frankfurt. Was sagt der Name über die Firmengeschichte aus, und welche Verfahren haben eine bedeutende Rolle gespielt? Stellen Sie Ihre Ergebnisse z. B. als Poster dar.

7 Erklären Sie, warum bei der Kupferraffination im Gegensatz zur elektrochemischen Chlor- oder Aluminiumsynthese kaum Energie benötigt wird.

Gewinnung von Aluminium

Aluminium – ein wichtiges Gebrauchsmetall Aluminium kennen wir als Aluminiumfolie, Deckel von Jogurtbechern oder Metallbeschichtung auf Lebensmittelverpackungen. Es lässt sich gut zu dünnen Folien verarbeiten und ist – obwohl recht unedel – weitgehend geschützt gegen saure und alkalische Nahrungsmittel: Es überzieht sich an der Luft mit einer dünnen, aber extrem dichten Oxidschicht, die es vor weiteren Angriffen schützt. ↑E.26 Außerdem wird Aluminium als für den Menschen weitgehend unbedenklich eingestuft. Wegen seiner vergleichsweise geringen Dichte wird es zudem im Fahr- und Flugzeugbau eingesetzt.

EXPERIMENT 25 [L]
Reaktion von Aluminium mit Wasser
Ein Stück Aluminiumfolie wird zusammengerollt, kompaktiert und in ein Reagenzglas mit Wasser gegeben. Einige Plätzchen Natriumhydroxid (GHS 05) werden hinzugefügt, um die Oxidschicht des Aluminiums anzulösen.

EXPERIMENT 26 [L]
Erhitzen von Aluminium
Aus einer Verbundverpackung wird die sehr dünne Aluminiumfolienschicht isoliert und mit einer Tiegelzange in die Brennerflamme gehalten.

Abbau von Aluminium Aluminium ist das dritthäufigste Element der Erdkruste und somit Bestandteil vieler Gesteine. Reines, kristallines Aluminiumoxid (Al_2O_3) kennt man als wasserklaren Saphir; mit Eisen verunreinigt scheint er tiefblau. Durch Beimengungen von Chrom erhält er eine rote Farbe und wird Rubin genannt. Daneben gibt es eine Vielzahl unterschiedlicher, ästhetisch weniger ansprechender Aluminiumoxide. Wirtschaftlich gewinnen lässt sich Aluminium derzeit nur aus Bauxit, das zum größten Teil aus den Aluminiumhydroxiden $AlO(OH)$ und $Al(OH)_3$ besteht. Reines Aluminiumoxid sowie Aluminiumhydroxide sind farblos. Das natürliche Bauxit ist durch Beimischungen von Eisenoxid (Fe_2O_3) rötlich gefärbt.
Größter Bauxitlieferant ist Australien mit derzeit mehr als 60 Mio. t pro Jahr, danach folgen China und Brasilien. Bauxit ist ein Sedimentgestein, ist also durch Absinken feiner Schwebstoffe auf den Grund von Urmeeren entstanden (Sedimentation). Durch geologische Hebungsprozesse liegen diese Gesteinsschichten nun über dem Meeresspiegel, meist aber so dicht unter der Oberfläche, dass sie im Tagebau gefördert werden können.

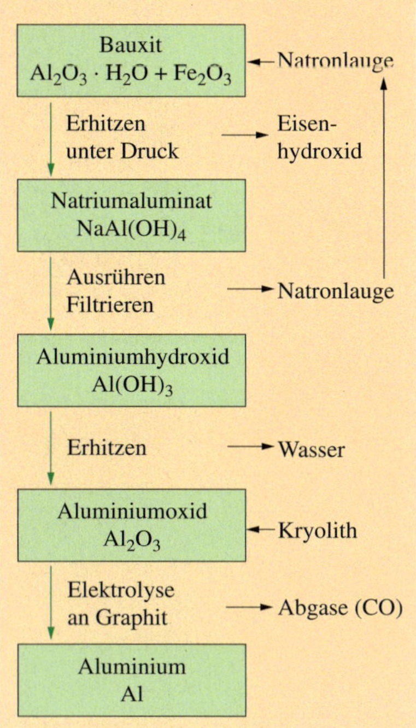

1 Vom Bauxit zum Aluminium

Aufbereitung des Bauxits Das Bauxit muss zunächst von den Begleitstoffen wie Eisenoxid befreit werden, damit in der Schmelzflusselektrolyse später reines Aluminium und keine undefinierte Legierung entsteht. ↑1 In einem ersten Aufbereitungsschritt, dem Bayer-Verfahren, wird das Mineral zunächst mit Natronlauge aufgeschlossen. Unter Druck und bei 150 °C bis 200 °C geht dabei ausschließlich das Aluminiumhydroxid als Aluminat-Ion in Lösung.

$$Al(OH)_3\ (s) + OH^-\ (aq) \longrightarrow [Al(OH)_4]^-\ (aq)$$

Das Eisenoxid hingegen bleibt unlöslich und kann als sogenannter Rotschlamm abfiltriert werden. Im Anschluss wird die Aluminatlösung verdünnt und abgekühlt, wodurch sich wieder unlösliches Aluminiumhydroxid bildet, das aus der Natronlauge abgetrennt wird. Diese wird im Prozess wieder rückgeführt.
Durch Glühen bei 1200 °C entsteht nun aus dem Aluminiumhydroxid sehr reines Aluminiumoxid, der Rohstoff für die eigentliche Aluminiumgewinnung:

$$2\ Al(OH)_3\ (aq) \longrightarrow Al_2O_3\ (s) + 3\ H_2O\ (g)$$

Schmelzflusselektrolyse von Aluminium Da Aluminium ein sehr unedles Metall ist, lässt es sich nicht mit in der Großtechnik gängigen Reduktionsmitteln wie Kohlenstoff oder Kohlenstoffmonooxid gewinnen. Weil das reine, ungeschützte Metall zudem mit Wasser reagiert, kann es auch nicht durch Elektrolyse einer Aluminiumsalzlösung gewonnen werden. ↑E.25 Als Reduktionsverfahren wird daher eine Schmelzflusselektrolyse, also die Elektrolyse eines geschmolzenen Salzes, angewendet. ↑E.27

Die Elektrolyse geschieht in gemauerten Elektrolyseöfen, in die mehrere Quadratmeter große, mit Graphit ausgekleidete Wannen eingelassen sind. ↑2 Darin befindet sich Aluminiumoxid, das mit einer 10–20-fachen Menge an Kryolith (Natriumaluminiumfluorid, Na_3AlF_6) versetzt ist, um die Schmelztemperatur von über 2000 °C auf immerhin noch 950 °C abzusenken.

Die Elektrolyse geschieht bei nur 4–5 V, aber bei Stromstärken von etwa 250 000 A. Von oben tauchen in die Schmelze Kohleelektroden ein, die als Anode dienen, an denen Oxid-Ionen zu Sauerstoff oxidiert werden. Der gebildete Sauerstoff reagiert bei den hohen Temperaturen sofort mit den Kohleelektroden. Dabei entstehen Kohlenstoffmonooxid und Kohlendioxid. Dieses Gasgemisch wird abgesaugt und verlässt über einen Schornstein die Aluminiumhütte. Die Kohleelektroden verbrauchen sich auf diese Weise und werden daher von oben ständig nachgeführt. Sind sie vollständig verbraucht, werden sie erneuert.

An der Unterseite des Ofens dient die Graphitauskleidung als Kathode. Hier werden die Aluminium-Ionen zu Aluminiumatomen reduziert. Mehrfach pro Tag wird das Aluminium, das sich am Boden der Elektrolysezelle sammelt, abgestochen.

Die Schmelzflusselektrolyse ist mit etwa 14 kWh für 1 kg Aluminium sehr energieaufwendig. Davon entfallen 8 kWh auf die Reduktion des Aluminiumoxids. Die restlichen 6 kWh werden als technisch nicht vermeidbare Prozesswärme frei. Diese wird allerdings zum Aufheizen des Ofens und zum Schmelzen des Aluminiumoxids genutzt.

Der den Aluminiumpreis dominierende Faktor ist also die elektrische Energie. Wegen angestiegener Energiepreise hat daher das Recycling von Aluminium an Bedeutung gewonnen. Es liefert jetzt etwa 20 % der Aluminiumweltproduktion. Die Rückgewinnung von Aluminium spart gegenüber der Herstellung aus Bauxit bis zu 95 % der Energie ein.

Für eine komplette Umweltbilanz ist aber nicht nur der Energieaufwand der Schmelzflusselektrolyse zu berücksichtigen, sondern auch Abbau und Transport des Bauxits, seine Aufbereitung zu Aluminiumoxid und die Bereitstellung des Kryoliths.

EXPERIMENT 27 [L]

Prinzip der Schmelzflusselektrolyse

Abzug!

Eine Mischung aus Lithiumchlorid (GHS 07) und Kaliumchlorid wird in einem Porzellantiegel über der Brennerflamme geschmolzen. Als Anode dient eine Graphitelektrode, als Kathode ein Nagel. Sobald bei etwa 5 V der Stromfluss einsetzt, kann der Brenner abgestellt werden. Während der Elektrolyse (GHS 06/09) bilden sich an der Kathode kleine Kügelchen von geschmolzenem Lithium.

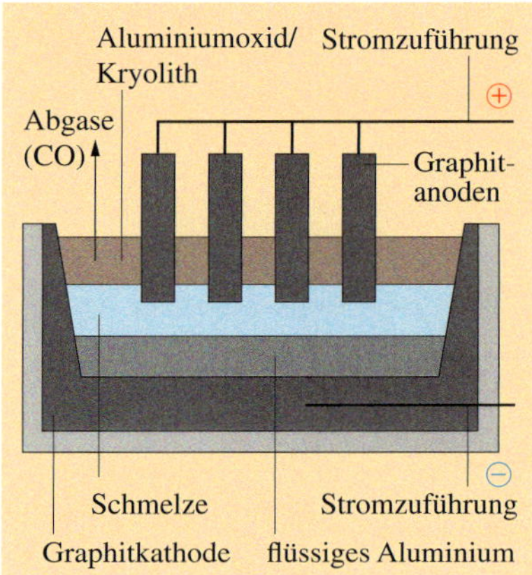

2 Schmelzflusselektrolysezelle zur Aluminiumgewinnung

Aufgaben

1 Island ist ein erstaunlich großer Aluminiumproduzent. Warum ist das Land der Geysire und heißen Quellen ein guter Standort für die Aluminiumproduktion?

2 Ermitteln Sie, ob bei der Aufbereitung von Bauxit Redoxvorgänge stattfinden. Stellen Sie dazu Reaktionsgleichungen mit Oxidationszahlen auf.

3 Wiegen Sie eine Rolle Aluminiumfolie. Legen Sie den aktuellen Strompreis Ihres Energieversorgers zugrunde und ermitteln Sie die Energiekosten zur Herstellung der Aluminiumfolie. Vergleichen Sie mit dem Kaufpreis.

4 Aluminiumhütten verfügen über besonders große und hohe Schornsteine – warum eigentlich?

Komplex gedacht

1 In der Stahlherstellung wird u. a. das Elektrolichtbogenverfahren eingesetzt, vor allem um hochwertige Spezialstähle zu gewinnen. ↑1 Hierbei werden Roheisen und Schrott (rostiges Eisen, z. B. Fe_2O_3) durch einen Lichtbogen, der an Kohleelektroden erzeugt wird, zur Reaktion gebracht. Neben Kohlenstoff treten im Roheisen auch Schwefel, Mangan und Phosphor als Begleitstoffe auf, auch diese Stoffe reagieren mit dem Rost.
Stellen Sie mögliche Redoxgleichungen auf, kennzeichnen Sie die Teilreaktionen sowie Reduktions- und Oxidationsmittel.

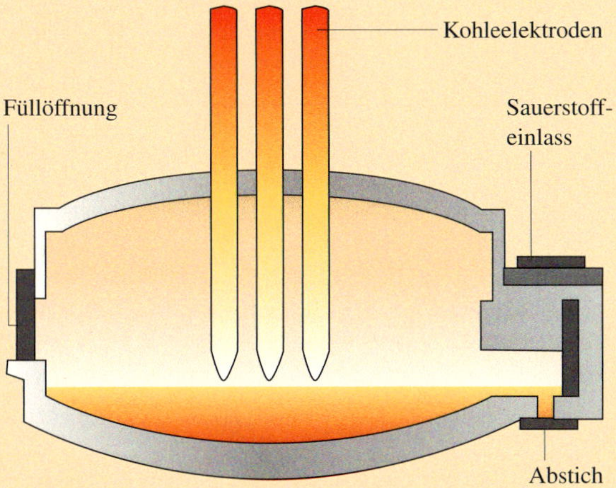

1 Schema des Elektrolichtbogenverfahrens

2 Planen Sie als Gedankenexperiment ein Vorgehen zur Identifizierung einer Kupfer(II)-sulfatlösung, einer Chlorwasserstoffsäure und einer Zinksulfatlösung. Die Lösungen haben jeweils die Konzentration $c = 1\ mol \cdot l^{-1}$. Ihnen stehen nur ein Zinkblech und ein Kupferblech zur Verfügung.
Erläutern Sie die zu erwartenden Beobachtungen und formulieren Sie für die theoretisch ablaufenden Reaktionen die Reaktionsgleichungen.

3 Das giftige Gas Kohlenstoffmonooxid tritt auch als Verbrennungsprodukt in Zigarettenrauch auf. Es kann durch geeignete Prüfröhrchen nachgewiesen werden. Die weiße Anzeigeschicht des Prüfröhrchens enthält Iod(V)-oxid, das unter dem Einfluss von Kohlenstoffmonooxid in braunes Iod umgewandelt wird.
Entwickeln Sie für diesen Vorgang die Reaktionsgleichung und geben Sie die Oxidationszahlen an.

4 Salpetrige Säure [HNO_2 (aq)] kann sowohl als Oxidationsmittel als auch als Reduktionsmittel verwendet werden. Die Funktion der salpetrigen Säure soll an folgenden Reaktionen betrachtet werden:

a Reaktion von salpetriger Säure mit Kaliumpermanganatlösung [$KMnO_4$ (aq)]

b Reaktion von salpetriger Säure mit Natrium unter Bildung von Ammoniak (NH_3)

Entwickeln Sie für beide Reaktionen die Gleichungen in Ionenschreibweise unter Verwendung der Teilgleichungen.
Ermitteln Sie die Funktion der salpetrigen Säure in beiden Reaktionen und begründen Sie Ihre Entscheidung.

5 Übertragen Sie die folgende Übersicht in Ihren Hefter und ergänzen Sie die entsprechenden Reaktionsgleichungen.

a Begründen Sie, bei welchen der Reaktionen es sich um Redoxreaktionen handelt.

b Ordnen Sie im unteren Teil den jeweiligen Oxidationszahlen Stickstoff und Stickstoffverbindungen zu.

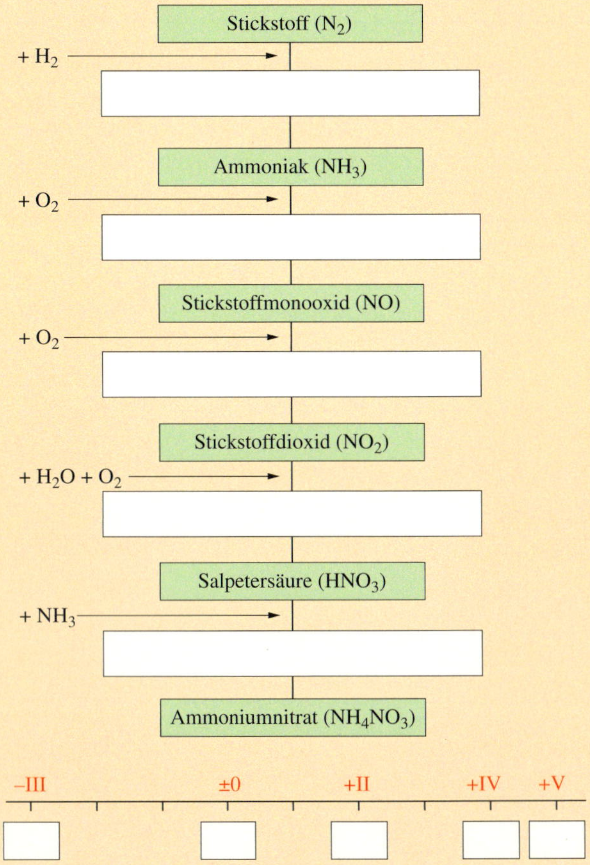

6 „Angelaufene“ Silbermünzen besitzen eine Silbersulfidschicht. Sie können durch ein Hausrezept wieder zu neuem Glanz gebracht werden. Dazu werden die Münzen in Natriumchloridlösung gelegt, die sich in einem mit Aluminiumfolie ausgekleideten Gefäß befindet.

a Erläutern Sie die elektrochemischen Grundlagen für diese Art der Reinigung.

b Geben Sie die Reaktionsgleichungen in Ionenschreibweise an.

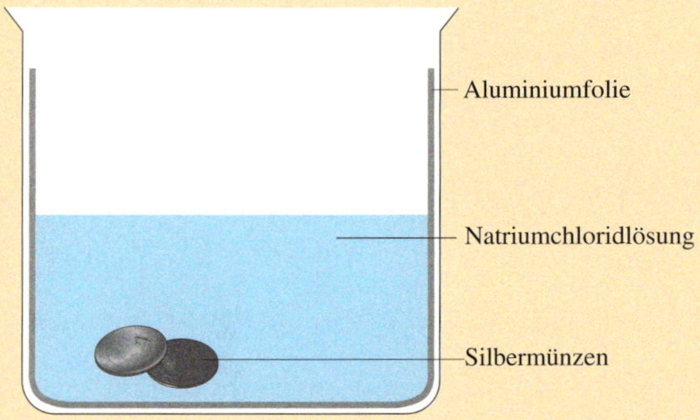

7 In einem Labor soll aus festem Silbernitrat eine reine Silbernitratlösung hergestellt werden. Um das Silbernitrat schnell und vollständig zu lösen, stehen u. a. Rührstäbe aus folgenden Materialien zur Verfügung: Kupfer, Glas und Nickel.
Welche Rührstäbe sollten nicht verwendet werden? Begründen Sie Ihre Entscheidung unter Einbeziehung von Reaktionsgleichungen.

8 Natrium und Kalium wurden erstmals 1807 durch den englischen Chemiker DAVY hergestellt. Er wies damit auch nach, dass es sich bei Soda (Natriumcarbonat, Na_2CO_3) und Pottasche (Kaliumcarbonat, K_2CO_3) um zwei unterschiedliche Verbindungen handelt.

a Erläutern Sie die Herkunft der englischen Begriffe *sodium* und *potassium*.

b Begründen Sie, weshalb die erstmalige Herstellung von Natrium und Kalium erst nach der Erfindung der Volta'schen Säule erfolgte.

c Entwickeln Sie eine Versuchsanordnung, die DAVY zur Herstellung von Natrium und Kalium genutzt haben könnte.

d Aluminiumoxid hat eine für die damalige Zeit praktisch unerreichbar hohe Schmelztemperatur von über 2000 °C. Wie gelang es DAVY wohl, mithilfe von Natrium und Kalium auch Aluminium herzustellen?

9 Kupfer dürfte neben Gold und Silber das wohl älteste Gebrauchsmetall sein.

a Auf welche gemeinsame Eigenschaft der drei Metalle ist zurückzuführen, dass diese schon vor 9000 Jahren, lange vor jeder Verhüttungstechnologie, bekannt waren und genutzt wurden?

b Begründen Sie, warum die Behauptung irreführend ist, beim Verhütten würde ein Metall aus dem Erz „herausgeschmolzen“.

c Bei der Kupferverhüttung entsteht zunächst das flüssige, noch unreine Garkupfer, an dessen Oberfläche sich eine Kupferoxidschicht bildet. Diese wird durch Polen, das Einbringen von Birken- und Buchenstämmen in das flüssige Metall, beseitigt. Versuchen Sie dafür eine Erklärung zu finden.

d Die elektrochemische Kupferraffination geschieht in einer Kupfersulfatlösung. Die Elektrolyse kann auch in verdünnter Schwefelsäure begonnen werden. Erklären Sie, was zu Anfang der Elektrolyse geschieht und wie sich die Zusammensetzung des Elektrolyten mit der Zeit ändert.

e Könnte die elektrochemische Kupferraffination auch in destilliertem Wasser gestartet werden?

10 Die Elektrolyse kann auch als Analysenmethode eingesetzt werden: Ein Messingknopf ($m = 1{,}2$ g) wird in Salpetersäure gelöst und dann mit Schwefelsäure versetzt. Die Lösung wird mit Platinelektroden elektrolysiert.

a Während der Elektrolyse verfärbt sich die silbrige Platinelektrode rot. Durch Differenzwägung wird eine Massenzunahme von 750 mg festgestellt. Geben Sie an, welcher Messingbestandteil auf diese Weise bestimmt wird, und berechnen Sie den Massenanteil in Prozent.

b Erklären Sie, warum sich das im Messing enthaltene Zink nicht an der Kathode abscheiden kann. Geben Sie auch den Zinkanteil an.

c Es wäre denkbar, bei diesem Experiment statt einer Kathode aus Platin eine aus Kupfer zu verwenden. Warum aber darf die Anode nicht aus Kupfer bestehen?

d Mit diesem Verfahren der Elektrogravimetrie können auch der Kupfer- und Silbergehalt einer Lösung bestimmt werden. Während der Elektrolyse scheidet sich dabei zunächst nur das Silber ab – kein Kupfer. Erklären Sie.

Auf einen Blick

Metallbindung

Eine Art der chemischen Bindung, die durch Anziehungskräfte zwischen elektrisch positiv geladenen Metall-Ionen und nahezu frei beweglichen, elektrisch negativ geladenen Elektronen (Elektronengas) bewirkt wird.

Oxidationszahl

Gibt die Ladung an, die einem Element in einer Verbindung zuzuordnen wäre, wenn man sich diese Verbindung aus einfachen Ionen aufgebaut denkt, z. B.

$$\overset{+II}{Cu}\overset{+VI}{S}\overset{-II}{O_4}$$

Redoxreaktion

Chemische Reaktion, bei der Elektronen übertragen werden. Bei der Oxidation erfolgt eine Elektronenabgabe, bei der Reduktion eine Elektronenaufnahme.

Reduktion (CuO → Cu)

$$\overset{+II}{CuO} + \overset{\pm 0}{Mg} \longrightarrow \overset{\pm 0}{Cu} + \overset{+II}{MgO}$$

Oxidation (Mg → MgO)

Oxidationsmittel

Teilchen, das bei einer chemischen Reaktion Elektronen aufnimmt (Elektronenakzeptor).

Reduktionsmittel

Teilchen, das bei einer chemischen Reaktion Elektronen abgibt (Elektronendonator).

Redoxreihe

Mithilfe der Redoxreihe der Metalle und Nichtmetalle können mögliche Redoxreaktionen abgeschätzt werden.

← Reduzierende Wirkung wird größer.

Na	Zn	Fe	H_2	Cu	2 Br^-	2 Cl^-	Au
Na^+	Zn^{2+}	Fe^{2+}	2 H^+	Cu^{2+}	Br_2	Cl_2	Au^{3+}

Oxidierende Wirkung wird größer. →

Galvanische Zelle

Kombination aus zwei Halbzellen (Metallelektrode in Elektrolytlösung). Zwischen den Halbzellen tritt eine elektrische Spannung auf.
In der galvanischen Zelle laufen chemische Reaktionen mit Elektronenübertragung freiwillig ab. Chemische Energie wird dabei in elektrische Energie umgewandelt.

Primärzelle

Galvanische Zelle, die nur so lange zur Stromerzeugung nutzbar ist, bis die enthaltenen Ausgangsstoffe umgesetzt sind.
Beispiele: Zink-Kohle-Zelle, Zink-Luft-Zelle, Lithium-Zelle

Sekundärzelle

Galvanische Zelle, die durch Zufuhr von elektrischer Energie wieder in den Ausgangszustand zurückverwandelt werden kann. Der Entlade- und der Ladevorgang können wiederholt werden. Sekundärzellen werden auch Akkumulatoren genannt.
Beispiele: Bleiakkumulator, Nickel-Cadmium-Akkumulator, Nickel-Metallhydrid-Akkumulator, Lithium-Ionen-Akkumulator

Brennstoffzelle

Galvanische Zelle, bei der das Oxidationsmittel und das Reduktionsmittel kontinuierlich von außen zugeführt werden und ein prinzipiell unbegrenzter Dauerbetrieb möglich ist.
Beispiele: Wasserstoff-Sauerstoff-Zelle, PEMFC („Polymer Elektrolyte Membrane Fuel Cell")

Elektrolyse

Elektrochemische Reaktion, die nicht freiwillig abläuft, sondern durch Zufuhr von elektrischer Energie erzwungen wird.

Anode

Elektrode, an der bei einer elektrochemischen Reaktion die Oxidation stattfindet.

Kathode

Elektrode, an der bei einer elektrochemischen Reaktion die Reduktion stattfindet.

Chlor-Alkali-Elektrolyse

Großtechnisches Verfahren, bei dem Natriumchloridlösung elektrolysiert wird. Dabei entsteht an der Anode Chlor, an der Kathode Wasserstoff. Als weiteres wichtiges Produkt fällt Natriumhydroxidlösung (Natronlauge) an.

Galvanisieren

Elektrolytisches Abscheiden einer dünnen Metallschicht auf der Oberfläche eines Gegenstands.
Beispiele: Korrosionsschutz, Verchromen von Autoteilen

Schmelzflusselektrolyse

Elektrolyseverfahren, bei dem eine heiße Salzschmelze elektrolysiert wird, z. B. bei der Gewinnung von Aluminium.

Kupferraffination

Elektrolytisches Reinigungsverfahren für Rohkupfer, bei dem das Rohkupfer als Anode geschaltet wird. Während der Elektrolyse geht das Rohkupfer mit seinen unedleren Verunreinigungen in Lösung. An der Kathode scheidet sich äußerst reines Kupfer ab, da die unedleren Verunreinigungen in Lösung bleiben.

Check-up

1 Leiten Sie drei typische Eigenschaften der Metalle aus ihrem Bau ab.

2 Erläutern Sie am Beispiel der Reaktion von Eisen(III)-chloridlösung mit Kaliumiodidlösung das Wesen einer Redoxreaktion.

3 Chlor kann mit Kaliumiodid-Stärke-Papier identifiziert werden.
Erläutern Sie unter Einbeziehung der Reaktionsgleichungen in Ionenschreibweise diesen Nachweis.

4 Beurteilen Sie, ob die folgenden Reaktionen möglich sind, und begründen Sie Ihre Entscheidung.

a $Cu(s) + FeCl_2(aq)$

b $Cu(s) + 2\,HCl(aq)$

5 Im Labor kann Brom durch verschiedene Verfahren gewonnen werden:

a durch Einleiten von Chlor in eine wässrige Lösung von Kaliumbromid

b durch Reaktion einer sauren Kaliumbromidlösung mit Mangan(IV)-oxid (Braunstein)
Entwickeln Sie die Reaktionsgleichungen unter Angabe der Oxidationszahlen.

6 In galvanischen Zellen finden Redoxreaktionen statt. So können ein Silberblech in einer Silbernitratlösung und ein Zinkblech in einer Zinksulfatlösung zu einem galvanischen Element geschaltet werden.

a Skizzieren Sie den Aufbau einer solchen galvanischen Zelle.

b Begründen Sie, welches Metall den Pluspol und welches den Minuspol bildet.

c Entwickeln Sie die Teilgleichungen und die Gesamtgleichung für die chemischen Reaktionen in der Zelle.

7 Erklären Sie, warum ein Bleiakkumulator trotz seiner Wiederaufladbarkeit nur eine begrenzte Lebensdauer hat.

8 Der Fachbegriff „Elektrolyse" bedeutet wörtlich „Zerlegung durch Elektrizität". Verdeutlichen Sie dies am Beispiel des hofmannschen Wasserzersetzers.

9 Bei der Elektrolyse einer Kupfer(II)-chloridlösung ($CuCl_2$) mit Graphitelektroden entstehen Kupfer und Chlor.

a Geben Sie an, welche Ionen in der Lösung vorliegen und welches Ion bei der Elektrolyse reduziert bzw. oxidiert wird.

b Stellen Sie für Reduktion und Oxidation Teilgleichungen auf und erläutern Sie, welche Reaktion an der Anode bzw. an der Kathode abläuft.

10 Das starke Oxidationsmittel Chlor wird in großen Mengen durch Elektrolyse von Kochsalz hergestellt.

a Erklären Sie am Beispiel des Chlors, warum es prinzipiell schwierig ist, starke Oxidationsmittel herzustellen.

b Bei der Chlor-Alkali-Elektrolyse zur Herstellung von Chlor und Natronlauge wird auf der Anodenseite keine einfache Stahlelektrode eingesetzt. Begründen Sie.

c Begründen Sie, warum bei der Elektrolyse der Natriumchloridlösung kein Natrium an der Kathode entstehen kann.

11 Erklären Sie, weshalb Aluminium trotz des häufigen natürlichen Vorkommens von Aluminiumverbindungen ein recht teures Gebrauchsmetall ist.

→ Die Lösungen finden Sie im Anhang.

Aufgabe	Hilfe finden Sie auf Seite ...
1	18
2	21, 25
3	21, 25
4	25
5	26, 27
6	30
7	34
8	37, 38
9	37, 38
10	25, 39, 40
11	45

Ethanol und Alkanole

Wer denkt schon beim Betrachten von Weintrauben, eines Feldmaikäfers oder der Beeren einer Eberesche an Ethanol, herkömmlich auch als Alkohol bezeichnet?
Und doch – aus Weintrauben lässt sich durch Gärung Ethanol gewinnen. Das Weibchen des Feldmaikäfers lockt mithilfe von Alkohol Männchen an. Und auch die Beeren der Eberesche enthalten Alkohol, der die Vögel die verschluckten Samen schnell und unverdaut wieder ausscheiden lässt.

- Was ist Ethanol und kann man jeden Alkohol trinken?
- Wie ist Ethanol aufgebaut und welche Eigenschaften besitzt Ethanol?
- Welche Unterschiede und Gemeinsamkeiten gibt es zwischen Ethanol und den anderen Alkoholen?
- Wie lassen sich Alkohole herstellen und welche Bedeutung besitzen sie im täglichen Leben der Menschen?

Alkohol – eine Alltagsdroge?

1 Alkohol bringt Stimmung beim Feiern!?

2 In einer 0,3-Liter-Flasche Alcopops sind 5,5 % Vol. Alkohol enthalten. Das sind 16,5 ml bzw. 13,04 g reines Ethanol.

Alkohol – ein Alltagsgetränk Fast alle Völker kennen Alkohol bereits seit Jahrtausenden. Man schätzte seine berauschende und entspannende Wirkung. Ursprünglich stellte man meist Gärprodukte wie Wein und Met her. Mittlerweile gibt es Tausende verschiedene alkoholische Getränke. Alkohol, regelmäßig getrunken, kann beim Menschen schon in relativ geringen Mengen zur Abhängigkeit führen. Heute ist Alkohol die Droge Nummer 1. In Deutschland gibt es etwa 3 Millionen alkoholabhängige Menschen, etwa 45 000 Menschen sterben jährlich durch Alkoholmissbrauch oder durch Unfälle in Verbindung mit Alkohol.

3 Trinkgelage auf einer griechischen Vasenmalerei aus dem 4. Jh. v. Chr.

Alkoholaufnahme im menschlichen Körper Alkohol aus alkoholischen Getränken gelangt sehr schnell ins Blut, etwa 20 % über den Magen, der restliche Anteil überwiegend über den Dünndarm. Leerer Magen, schnelles Trinken, Wärme sowie Kohlensäure in alkoholischen Getränken, z. B. Alcopops und Sekt, beschleunigen diesen Vorgang erheblich. Wenige Minuten nach dem Trinken ist Alkohol im Blut nachweisbar, nach anderthalb Stunden ist die Verteilung des Alkohols im Körper abgeschlossen. Blut und Gewebe haben nun in etwa die gleiche Alkoholkonzentration. Die Blutalkoholkonzentration (BAK) wird in Promille (‰) angegeben.

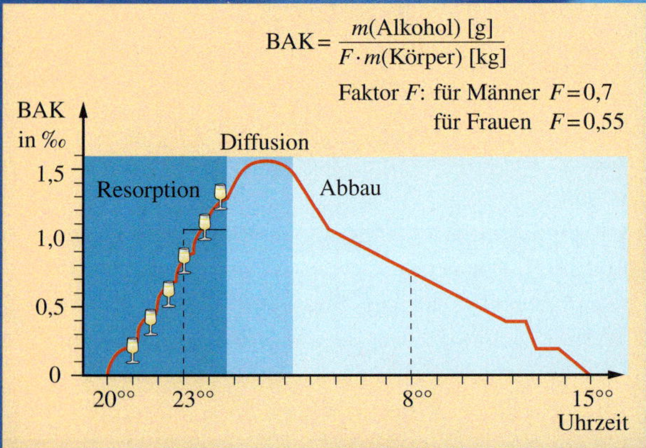

4 Blutalkoholkonzentration nach Alkoholkonsum

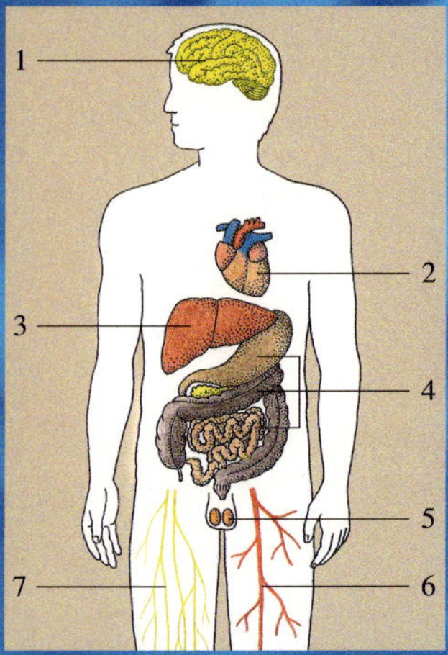

1 Gestörte Hirnfunktion
2 Herz-Kreislauf-Erkrankungen
3 Schwere Leberschäden
4 Erkrankungen von Magen, Bauchspeicheldrüse und Darm
5 Sexuelle Impotenz
6 Schäden an Blutgefäßen
7 Gestörte Nervenfunktionen

5 Mögliche Folgen von chronischem Alkoholmissbrauch

Beispiel zur Berechnung der Blutalkoholkonzentration

Eine Jugendliche hat in kurzer Zeit drei Flaschen Alcopops getrunken. Sie wiegt 53 kg. Berechnen Sie ihre Blutalkoholkonzentration.

$$BAK = \frac{3 \cdot 13{,}04\,g}{0{,}55 \cdot 53\,kg} = \frac{39{,}12\,g}{29{,}12\,kg} = 1{,}35\,g/kg = 1{,}35\,‰$$

Die Blutalkoholkonzentration der Jugendlichen beträgt 1,35 ‰.

Wirkungen von Blutalkoholkonzentrationen

Blutalkoholkonzentration	Wirkung
> 0,2 ‰	**Angeheitert** Wärmegefühl, anregende Wirkung
> 0,5 ‰	**Leichter Rausch** gereizte oder depressive Stimmung, Reaktionsvermögen, Seh- und Konzentrationsfähigkeit nehmen ab
> 1,5 ‰	**Mittlerer Rausch** Gleichgewichts-, Hör-, Seh- und Sprachstörungen, unkoordinierte Bewegungen
> 2,5 ‰	**Schwerer Rausch** Orientierungslosigkeit, Betäubungszustand
> 3,5 ‰	**Volltrunkenheit** Bewusstlosigkeit, Koma, schwere Vergiftung des Körpers

Arbeitsaufträge

1 Stellen Sie mögliche Ursachen für den hohen Alkoholkonsum in der Gesellschaft zusammen.

2 Beschreiben Sie die Phasen der Alkoholkrankheit.

3 Informieren Sie sich über den Alkoholgehalt verschiedener alkoholischer Getränke, z. B. Mixbier, Bier, Wein, Sekt, Likör, Branntweine. Berechnen Sie den Gehalt an reinem Alkohol in g je Flasche und je handelsüblichem Glas. Stellen Sie die Ergebnisse in einer Tabelle zusammen.

4 Erläutern Sie Folgen des Fahrens unter Alkohol im Straßenverkehr. Stellen Sie die gesetzlichen Bestimmungen zum Genuss von Alkohol im Straßenverkehr in einer Übersicht zusammen.

5 Entwickeln Sie ein Poster mit Hinweisen auf die Gefahren durch Alkohol.

6 Setzen Sie sich mit dem Thema Sucht auseinander und argumentieren Sie zum Thema: Alkohol ist eine suchtauslösende Droge.

7 Ermitteln Sie für die Mitgliedsländer der Europäischen Gemeinschaft die gesetzlichen Promillegrenzen für Verkehrsteilnehmer. Vergleichen Sie die Werte mit denen Deutschlands und versuchen Sie Gründe für die Unterschiede zu benennen.

8 Ein Gast hat auf einer Feier drei Gläser Wein (je 0,2 l) zu sich genommen. Berechnen Sie die Blutalkoholkonzentration. Welchen Rauschzustand hat der Gast erreicht?

Im Labor Eigenschaften von Ethanol

1 Eigenschaften von Ethanol

Materialien: Porzellanschale, Becherglas (250 ml), Spindel zur Dichtebestimmung, Leitfähigkeitsmessgerät, Holzspan.
Chemikalien: Ethanol ($\varphi = 96\,\%$, GHS 02).
Durchführung: Geben Sie etwa 1 ml Ethanol in eine Porzellanschale. Ermitteln Sie Aggregatzustand, Geruch und Farbe. Versuchen Sie mit einem brennenden Span das Ethanol zu entzünden.
Geben Sie so viel Ethanol in das Becherglas, dass die Spindel eingesetzt werden und frei schwimmen kann. Lesen Sie die Dichte an der Spindel ab. Prüfen Sie anschließend mit dem Leitfähigkeitsmessgerät die elektrische Leitfähigkeit von Ethanol.
Auswertung: Beschreiben Sie die Beobachtungen. Erstellen Sie einen Steckbrief für Ethanol. Nutzen Sie dafür auch Angaben aus einem Tabellenwerk.
Entsorgung: Reste von Ethanol zur weiteren Verwendung einsammeln.

2 Brennbarkeit von Ethanol-Wasser-Gemischen

Materialien: 4 Bechergläser (50 ml), 4 Porzellanschalen.
Chemikalien: Brennspiritus [φ(Ethanol) = 95 %, GHS 02], Wasser.
Durchführung: Stellen Sie 4 verschiedene Ethanol-Wasser-Gemische aus Brennspiritus und Wasser her. Der Volumenanteil des Ethanols soll in den Gemischen 70 %, 50 %, 40 % und 30 % betragen.
Geben Sie jeweils 5 ml eines Gemisches in je eine Porzellanschale. Versuchen Sie die Gemische mit kleiner Brennerflamme zu entzünden.
Beobachten Sie, ob sich die Gemische entzünden lassen und wie lange sie brennen.
Auswertung: Leiten Sie Schlussfolgerungen über die Brennbarkeit von Ethanollösungen ab.
Entsorgung: Reste zur weiteren Verwendung einsammeln.

3 Verbrennung von Ethanol in einem geschlossenen Gefäß

Materialien: Verbrennungslöffel in einem Stopfen, Erlenmeyerkolben.
Chemikalien: Ethanol ($\varphi = 96\,\%$, GHS 02) oder Brennspiritus (F), Kalkwasser.
Durchführung: Geben Sie auf den Verbrennungslöffel Brennspiritus. Entzünden Sie und tauchen Sie den Verbrennungslöffel in einen sauberen, trockenen Erlenmeyerkolben, der sofort zu verschließen ist.
Betrachten Sie nach Erlöschen der Flamme die Wand des Erlenmeyerkolbens. Öffnen Sie kurz den Erlenmeyerkolben und geben Sie etwa 5 ml Kalkwasser in den Kolben. Verschließen Sie sofort und schütteln Sie. Betrachten Sie das Kalkwasser vor dem Einfüllen in den Kolben und nach dem Schütteln des verschlossenen Kolbens.
Auswertung: Deuten Sie die Beobachtungsergebnisse und formulieren Sie eine Aussage über die nachgewiesenen Elemente.
Entsorgung: Reste in Behälter für Abwasser.

4 Wirkung einer geladenen Folie auf Ethanol und andere Flüssigkeiten

Materialien: Bürette, Auffangwanne, stärkere Kunststofffolie (z. B. Overheadfolie), Plastikstab.
Chemikalien: Ethanol ($\varphi = 96\,\%$, GHS 02) oder Brennspiritus (GHS 02), Petroleumbenzin (GHS 08), Wasser.
Durchführung: Geben Sie Ethanol in eine Bürette und halten Sie seitlich neben das Auslaufventil einen aufgeladenen Plastikstab oder eine aufgeladene Folie. Lassen Sie aus der Bürette einen feinen Ethanolstrahl an dem Stab oder der Folie vorbei in die Auffangwanne laufen.
Wiederholen Sie das Experiment mit Wasser und mit Petroleumbenzin.
Auswertung: Vergleichen Sie das Verhalten der drei Flüssigkeiten an der geladenen Folie bzw. dem Stab. Erklären Sie das Verhalten der drei Flüssigkeiten.
Entsorgung: Reste von Ethanol und Petroleumbenzin zur weiteren Verwendung einsammeln.

5 Verhalten von Ethanol gegenüber Indikatorlösungen

Materialien: Reagenzgläser, Tropfpipetten.
Chemikalien: Ethanol ($\varphi = 96\,\%$, GHS 02), 5%ige Natriumhydroxidlösung (GHS 05), Indikatorlösung.
Durchführung: Geben Sie 3 ml Ethanol in ein Reagenzglas und versetzen Sie das Ethanol mit 5 Tropfen einer Indikatorlösung, z. B. Universalindikator. Tropfen Sie zum Vergleich ebenfalls 5 Tropfen dieser Indikatorlösung in 3 ml der Natriumhydroxidlösung.
Notieren Sie die Farbe des Ethanols vor und nach Zugabe des Indikators und vergleichen Sie diese mit der Farbe der Natriumhydroxidlösung.
Auswertung: Leiten Sie aus dem Vergleich Aussagen über das Verhalten einer Ethanollösung ab.
Entsorgung: Reste von Natriumhydroxidlösung und Ethanol in Sammelbehälter für Abwasser geben.

7 Löseverhalten von Ethanol

Materialien: 8 Reagenzgläser, Stopfen.
Chemikalien: Ethanol ($\varphi = 96\,\%$, GHS 02), Wasser, Petroleumbenzin (GHS 08), Heptan (GHS 02/07/08/09), Butter, Speiseöl, Kolophonium, Kochsalz, Haushaltszucker.
Durchführung: Geben Sie in alle Reagenzgläser jeweils 3 ml Ethanol. Setzen Sie jeweils einem Glas zu: 5 ml Wasser, 5 ml Petroleumbenzin, 5 ml Heptan, 5 ml Speiseöl, ein erbsengroßes Stück Butter, ein erbsengroßes Stück Kolophonium, zwei Spatelspitzen Kochsalz, zwei Spatelspitzen Haushaltszucker. Verschließen Sie die Reagenzgläser und schütteln Sie kräftig.
Auswertung: Fertigen Sie über die Beobachtungen eine tabellarische Übersicht an. Formulieren Sie mögliche Schlussfolgerungen über die Verwendung von Ethanol.
Entsorgung: Reste in Sammelbehälter III geben.

6 Wirkung von Alkohol auf Eiweiß

Materialien: großes Reagenzglas mit Stopfen.
Chemikalien: Ethanol ($\varphi = 96\,\%$, GHS 02) oder 0,9%ige Kochsalzlösung, Eiklar.
Durchführung: Versetzen Sie etwas Eiklar mit 0,9%iger Kochsalzlösung im Verhältnis 1 : 5 und schütteln Sie kräftig. Geben Sie zu 5 ml der entstandenen Eiweißlösung 5 ml Ethanol und schütteln Sie wiederum kräftig.
Auswertung: Beschreiben Sie die Beobachtungen. Leiten Sie daraus ab, welche Wirkungen größere Mengen von Alkohol auf Organe im menschlichen Organismus haben könnten.
Entsorgung: Reste in Behälter für Abwasser geben.

8 Vergärung von Traubensaft und Rohrzucker

Materialien: 2 Standkolben (500 ml), 2 Gärröhrchen, Destillationsapparatur.
Chemikalien: Weintrauben, Rohrzucker, Bäckerhefe, Bariumhydroxidlösung (gesättigt, $w \approx 1{,}8\,\%$).
Durchführung: Stellen Sie etwa 300 ml Rohtraubensaft her, indem ungespritzte und ungewaschene Weintrauben in einem Tuch gepresst werden. Lösen Sie 60 g Rohrzucker in 300 ml Wasser und suspendieren Sie einen Würfel Bäckerhefe in die Zuckerlösung. Geben Sie die Lösungen in je einen Standkolben und verschließen Sie diese mit einem Gärröhrchen, in dem sich Bariumhydroxidlösung befindet. Lassen Sie die Kolben etwa eine Woche an einem warmen Platz stehen und betrachten Sie sie jeden Tag. Destillieren Sie beide Lösungen und prüfen Sie die Destillate auf Geruch, Farbe und Brennbarkeit.

Auswertung: Erläutern Sie die Vorgänge der alkoholischen Gärung von Traubensaft und von mit Hefe versetzter Zuckerlösung.
Entsorgung: Traubenreste in Hausmüll, Flüssigkeitsreste in Sammelbehälter für Abwasser geben.

Ethanol

EXPERIMENT 9 [L]
Reaktion von Ethanol mit Borsäure
In eine Porzellanschale werden 5 ml Ethanol (GHS 02), 1 g Borsäure (GHS 07/08) und zwei Tropfen konzentrierte Schwefelsäure (GHS 05) gegeben. Nach dem Umrühren mit einem Glasstab ist die Flüssigkeit mit kleiner Brennerflamme zu entzünden.

EXPERIMENT 10 [L]
Reaktion von Ethanol mit Magnesium
Ethanoldämpfe (GHS 02) werden über stark erhitzte Magnesiumspäne (GHS 02) geleitet. Das entweichende Gas wird entzündet.

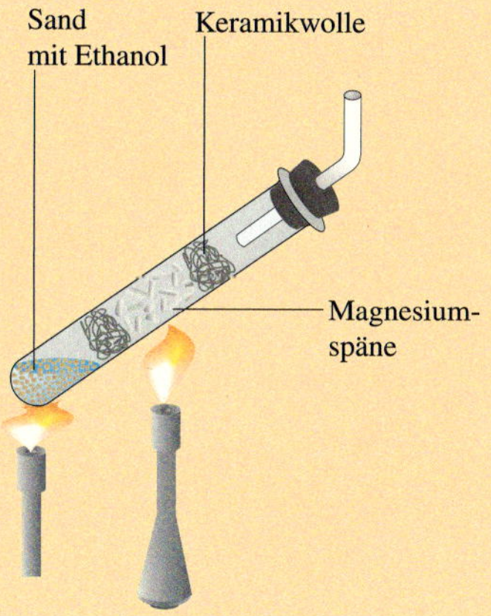

Eigenschaften von Ethanol Reines Ethanol ist eine farblose, leicht flüchtige Flüssigkeit mit einem charakteristischen Geruch. ↑E.1 S.54 Es hat eine Siedetemperatur von 78,4 °C und erstarrt bei –114,2 °C. ↑Tafelwerk In Bier, Wein und Spirituosen ist Ethanol in unterschiedlichen Konzentrationen enthalten. Ethanol brennt mit blassblauer Flamme. ↑E.1, 2 S.54 Diese Flamme ist sehr schön beim Flambieren von Speisen oder Desserts zu sehen. Bei diesem Vorgang verbrennt das Ethanol, aber die Geschmacksstoffe der Spirituose bleiben erhalten. Als Reaktionsprodukte der Verbrennung von Ethanol lassen sich nur Kohlenstoffdioxid und Wasser nachweisen. ↑E.3 S.54 Ethanol-Wasser-Gemische sind ab einem Volumenanteil von φ(Ethanol) > 45 % brennbar. ↑E.2 S.54 Ethanol leitet nicht den elektrischen Strom. Daraus ergibt sich, dass in Ethanollösung keine beweglichen Ionen als elektrische Ladungsträger vorliegen. Allerdings wird ein Ethanolstrahl aber von einer elektrisch aufgeladenen Folie abgelenkt. ↑E.4 S.54 Wird Ethanol zu Eiweiß gegeben, flockt es aus. ↑E.6 S.55 Dieser Vorgang wird auch als Denaturierung bezeichnet, weil die biologische Wirksamkeit des Eiweißes zerstört wird. Regelmäßiger und übermäßiger Alkoholgenuss kann so Gehirnzellen und innere Organe, z. B. die Leber, stark schädigen oder zerstören. Mit Borsäure reagiert Ethanol zu einer Verbindung, die mit gelber Flamme und einem grünen Flammensaum verbrennt. ↑E.9 Ethanol lässt sich mit Wasser, aber auch mit unpolaren Stoffen wie Benzin oder Heptan in jedem Verhältnis mischen. Es löst sehr gut Fette, Öle und Harze. ↑E.7 S.55 Ethanol färbt im Gegensatz zu Natriumhydroxidlösung Universalindikator nicht. ↑E.5 S.55 Daraus lässt sich ableiten, dass Ethanol nicht basisch reagiert, also keine Hydroxid-Ionen in der Lösung vorliegen können.

Struktur des Ethanolmoleküls Beim Verbrennen von Ethanol sind nur Wasser und Kohlenstoffdioxid als Reaktionsprodukte nachweisbar. ↑E.3 S.54 Bei der Reaktion mit Magnesium bildet sich Magnesiumoxid. ↑E.10 Aus den Experimentergebnissen lässt sich ableiten, dass ein Ethanolmolekül nur aus Atomen der Elemente Kohlenstoff, Wasserstoff und Sauerstoff besteht. Das Atomzahlverhältnis beträgt $N(\mathrm{C}) : N(\mathrm{H}) : N(\mathrm{O}) = 2 : 6 : 1$. Die Summenformel des Ethanols lautet C_2H_6O. Dazu lassen sich zwei Strukturformeln aufstellen. ↑1 Analytische Untersuchungen ergaben, dass Ethanolmoleküle eine **Hydroxygruppe (OH-Gruppe**, früher auch „Hydroxylgruppe") enthalten. Diese ist am Alkylrest des Ethanols, dem Ethylrest ($CH_3{-}CH_2{-}$ bzw. $C_2H_5{-}$), gebunden. Ethanol hat also die vereinfachte Strukturformel $CH_3{-}CH_2{-}OH$. Häufig werden auch für den Alkylrest die Summenformel und daran die Hydroxygruppe angegeben, sodass sich als Formel $C_2H_5{-}OH$ ergibt. ↑2

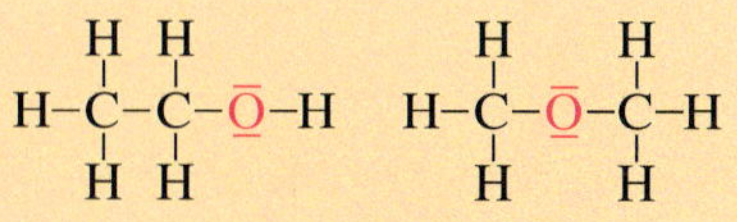

1 Mögliche Strukturformeln von Verbindungen mit der Summenformel C_2H_6O

a) 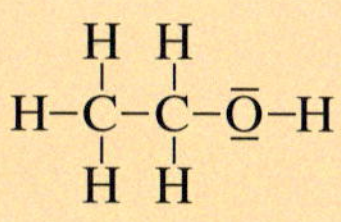 b) $CH_3{-}CH_2{-}OH$ c) C_2H_5OH d) C_2H_6O

2 a) Strukturformel, b) vereinfachte Strukturformel, c) Summenformel mit funktioneller Gruppe und d) Summenformel ohne funktionelle Gruppe von Ethanol

Herstellung von Ethanol Das älteste und auch heute noch wichtigste Verfahren zur Herstellung von Ethanol ist die alkoholische Gärung. Bei der Vergärung von Obstsäften reagieren bestimmte Zucker wie Traubenzucker (Glucose) und Fruchtzucker (Fructose) unter dem Einfluss von Enzymen oder Mikroorganismen zu Trinkalkohol (Ethanol) und weiteren Stoffen. ↑E.8 S.55 Bei der alkoholischen Gärung sind das Hefepilze und Hefeenzyme, die überall in der Luft und besonders auf aufgeplatzten Früchten vorkommen. Verwendet man eine reine Zuckerlösung, sind keine Hefen und deren Enzyme vorhanden. Eine Gärung kann deshalb nicht ablaufen. Gärungen finden immer anaerob, das heißt ohne Beteiligung von Sauerstoff statt. Deshalb muss bei der Weinherstellung immer ein Gärröhrchen zur Verhinderung des Lufteintritts aufgesetzt werden. ↑E.8 S.55

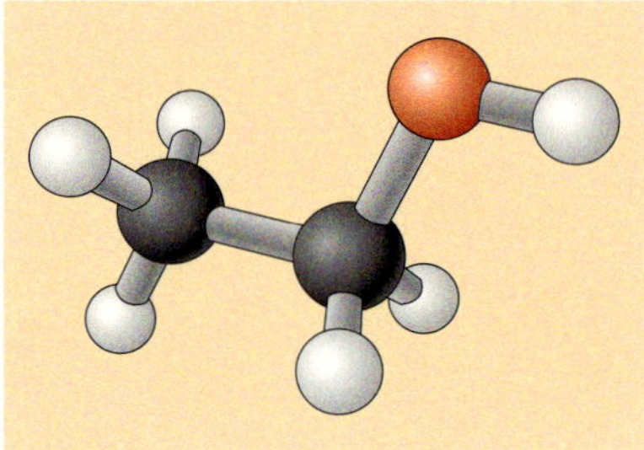

3 Modell des Ethanolmoleküls

$$\underset{\text{Traubenzucker (Glucose)}}{C_6H_{12}O_6} \xrightarrow{\text{Enzyme}} \underset{\text{Ethanol}}{2\ CH_3{-}CH_2{-}OH} + \underset{\text{Kohlenstoffdioxid}}{2\ CO_2}$$

Bei der alkoholischen Gärung entstehen Ethanollösungen mit einem Volumenanteil von maximal 18 %. Bei höheren Volumenanteilen an Ethanol sterben die Hefepilze ab. Werden diese Lösungen destilliert, lässt sich der Ethanolanteil bis auf etwa 96 % erhöhen.
Für industrielle Zwecke wird Ethanol auch durch katalytische Reaktion von Ethen mit Wasser hergestellt.

$$\underset{\text{Ethen}}{C_2H_4} + \underset{\text{Wasser}}{H_2O} \xrightarrow{\text{Katalysator}} \underset{\text{Ethanol}}{C_2H_6O}$$

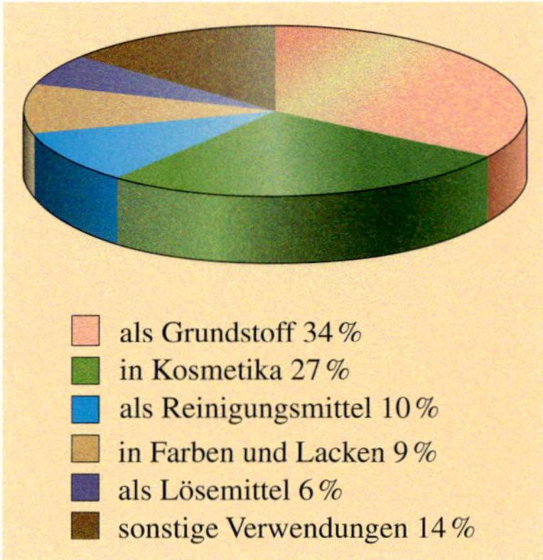

4 Anteile der Verwendung von Ethanol in der chemischen Industrie. Etwa 20 % des weltweit erzeugten Ethanols werden in der chemischen Industrie verwendet. Bei einer Weltjahresproduktion von etwa 30 Mio. Tonnen sind das rund 6 Mio. Tonnen pro Jahr.

Verwendung von Ethanol in Alltag und Technik Ethanol dient in Industrie, Labor, Kosmetik, Arzneimittelherstellung und Haushalt als wichtiges Lösemittel. So enthalten Parfüms, Hustensäfte, Nasentropfen, Kosmetika und viele Haushaltsreiniger Ethanol. Die Hauptmenge des hergestellten Ethanols wird in Form von alkoholischen Getränken für Genusszwecke genutzt. Bier, Wein, Sekt und Spirituosen wie Wein- oder Obstbrände, Korn oder Whiskey sind dafür Beispiele. Hochprozentige Alkohollösungen werden als Kraftstoffzusätze oder in Form von Spiritus als Brennstoffe eingesetzt. Damit Brennspiritus nicht zum Trinken missbraucht werden kann, wird er durch Zusätze schlecht schmeckender Stoffe ungenießbar gemacht (vergällt).

Aufgaben

1 Hochprozentige Spirituosen können zum Flambieren von Speisen genutzt werden.
a Welche Eigenschaften des Ethanols sind dabei von Bedeutung?
b Entwickeln Sie die Reaktionsgleichung für diesen Vorgang.
c Ordnen Sie die dabei ablaufende Reaktion einer Reaktionsart zu und begründen Sie.

2 Im Winter wird Kraftstoffen oder Scheibenwaschanlagen von Kraftfahrzeugen häufig Ethanol zugesetzt. Begründen Sie.

3 Als Hausmittel zum Fensterputzen werden Spiritus und Zeitungspapier empfohlen. Führen Sie diese Verwendung auf Eigenschaften der verwendeten Stoffe zurück.

4 Erkunden Sie in Ihrer Wohnung alle flüssigen Stoffe, in denen Ethanol enthalten ist (z. B. Getränke, Medikamente, Reinigungsmittel). Erstellen Sie dazu eine Tabelle. Geben Sie darin den Namen der Flüssigkeit, den Alkoholgehalt und die Verwendung an. Führen Sie die ermittelten Verwendungen auf die Eigenschaften von Ethanol zurück.

Im Labor Eigenschaften von Alkanolen

11 Mischbarkeit von Alkanolen mit Wasser

Materialien: Reagenzgläser, Stopfen.
Chemikalien: Methanol (GHS 02/06/08), Butanol (GHS 02/05/07), Hexanol (GHS 07), Octanol (GHS 07), Nonanol, Wasser.
Durchführung: Geben Sie jeweils etwa 3 ml Methanol, Butanol, Hexanol, Octanol und Nonanol in je ein Reagenzglas. Geben Sie zu den Alkanolen jeweils 3 ml Wasser. *Hinweis:* Zur besseren Beobachtung kann das Wasser mit einigen Tropfen Eosin angefärbt werden. Verschließen Sie die Reagenzgläser und schütteln Sie kräftig.
Auswertung: Beschreiben Sie die Beobachtungen. Fertigen Sie über die Ergebnisse eine tabellarische Übersicht an. Erklären Sie die Ergebnisse.
Entsorgung: Reste in Sammelbehälter III geben.

12 Löseverhalten von Alkanolen

Materialien: 28 Reagenzgläser, Stopfen.
Chemikalien: Alkanole: Methanol (GHS 02/06/08), Butanol (GHS 02/05/07), Hexanol (GHS 07), Octanol (GHS 07);
7 Beispielstoffe: Petroleumbenzin (GHS 02), Heptan (GHS 02/07/08/09), Butter, Speiseöl, Kolophonium, Kochsalz, Haushaltszucker.
Durchführung: Untersuchen Sie systematisch das Löseverhalten der Beispielstoffe in den Alkanolen. Geben Sie dazu jeweils 3 ml eines Alkanols in ein Reagenzglas und fügen Sie eine kleine Portion eines der Beispielstoffe zu. Verschließen Sie das Reagenzglas und schütteln Sie kräftig. Prüfen Sie analog alle Stoffe.
Auswertung: Fertigen Sie über die Beobachtungen eine tabellarische Übersicht an. Ermitteln Sie bei jedem Beispielstoff, welches Alkanol ihn am besten bzw. am schlechtesten lösen konnte.
Formulieren Sie Begründungen für das festgestellte Löseverhalten.
Entsorgung: Reste in Sammelbehälter III geben.

13 Brennbarkeit verschiedener Alkanole

Materialien: Porzellanschalen.
Chemikalien: Methanol (GHS 02/06/08), Butanol (GHS 02/05/07), Hexanol (GHS 07), Octanol (GHS 07), Nonanol, Glykol (GHS 07), Glycerin.
Durchführung: Geben Sie in je eine Porzellanschale 3 ml Methanol, Butanol, Hexanol, Octanol, Nonanol, Glykol und Glycerin. Versuchen Sie die Alkohole mit kleiner Brennerflamme zu entzünden.
Auswertung: Notieren Sie die Beobachtungsergebnisse. Falls die Alkohole brennen, vergleichen Sie das Aussehen der Flammen.
Entsorgung: Reste in Sammelbehälter III geben.

14 Verbrennung von Butanol in einem geschlossenen Gefäß

Materialien: Verbrennungslöffel in einem Stopfen, Erlenmeyerkolben.
Chemikalien: Butanol (GHS 02/05/07), Kalkwasser.
Durchführung: Geben Sie auf den Verbrennungslöffel Butanol. Entzünden Sie es und tauchen Sie den Verbrennungslöffel in einen sauberen, trockenen Erlenmeyerkolben, der sofort zu verschließen ist.
Betrachten Sie nach Erlöschen der Flamme die Wand des Erlenmeyerkolbens. Öffnen Sie kurz den Erlenmeyerkolben und geben Sie etwa 5 ml Kalkwasser in den Kolben. Verschließen Sie sofort und schütteln Sie. Betrachten Sie das Kalkwasser vor dem Einfüllen in den Kolben und nach dem Schütteln des verschlossenen Kolbens.
Auswertung: Deuten Sie die Beobachtungsergebnisse und formulieren Sie eine Aussage über die nachgewiesenen Elemente.
Entsorgung: Reste in Behälter für Abwasser geben.

15 Verhalten von Alkanolen gegenüber Indikatorlösungen

Materialien: Reagenzgläser, Tropfpipetten.
Chemikalien: Methanol (GHS 02/06/08), Propanol (GHS 02/05/07), Butanol (GHS 02/05/07), 5%ige Natriumhydroxidlösung (GHS 05).
Durchführung: Geben Sie jeweils 3 ml Methanol, Propanol und Butanol in ein Reagenzglas und versetzen Sie die Alkanole mit jeweils 5 Tropfen einer Indikatorlösung, z. B. Universalindikator. Tropfen Sie zum Vergleich ebenfalls 5 Tropfen dieser Indikatorlösung in 3 ml der Natriumhydroxidlösung. Notieren Sie die Farbe der Alkanole vor und nach Zugabe des Indikators und vergleichen Sie diese mit der Farbe der Natriumhydroxidlösung.
Auswertung: Formulieren Sie eine Aussage über das Verhalten von Alkanolen gegenüber Indikatoren.
Entsorgung: Reste von Natriumhydroxidlösung in Sammelbehälter für Abwasser, Alkanolreste in Sammelbehälter III geben.

16 Reaktion von Alkanolen mit Lithium

Materialien: Petrischalen, Messer, Pinzette, Uhr.
Chemikalien: Ethanol (GHS 02), Propanol (GHS 02/05/07), Butanol (GHS 02/05/07), Hexanol (GHS 07), Lithium (GHS 02/05).
Durchführung: Geben Sie im Abzug einige Milliliter Ethanol in eine Petrischale. Halten Sie ein kleines Stück Lithium mit der Pinzette fest und entrinden Sie es gründlich mit dem Messer. Geben Sie dann das Lithium in das Ethanol und messen Sie die Zeit bis zum Ende der Reaktion.
Lassen Sie anschließend jeweils gleich große Stückchen Lithium auch mit den drei anderen Alkanolen reagieren. Notieren Sie dabei jeweils die Zeit bis zum Ende der Reaktion.
Auswertung: Vergleichen Sie, wie schnell das Lithium mit den verschiedenen Alkanolen reagiert.
Entsorgung: Reste in Sammelbehälter III geben.

17 Wirkung von Glykol und Glycerin auf den Gefrierpunkt von Wasser

Materialien: Reagenzgläser, Becherglas (2000 ml), großer Mörser, Thermometer.
Chemikalien: Glykol (GHS 07), Glycerin, Kochsalz, Eis.
Durchführung: Stellen Sie zuerst eine Kochsalz-Eis-Kältemischung her: Zerkleinern Sie in dem Mörser möglichst fein einige Eisstücke. Füllen Sie eine 2–3 cm dicke Schicht davon in das Becherglas und streuen Sie darüber eine etwa 1 cm dicke Schicht Streusalz. Wiederholen Sie den Vorgang und rühren Sie dabei die Mischung um.
Geben Sie nun in ein Reagenzglas 4 ml Wasser und 4 ml Glykol, in ein zweites Reagenzglas 4 ml Wasser und 4 ml Glycerin und in ein drittes 8 ml Wasser. Stellen Sie die Reagenzgläser in die hergestellte Kochsalz-Eis-Kältemischung. Geben Sie Thermometer in die Reagenzgläser und lesen Sie die Temperaturen ab. Beobachten Sie die drei Flüssigkeiten.
Auswertung: Deuten Sie die Ergebnisse. Leiten Sie mögliche Verwendungen von Glykol und Glycerin ab.
Entsorgung: Reste mit Wasser verdünnen und in Sammelbehälter III geben.

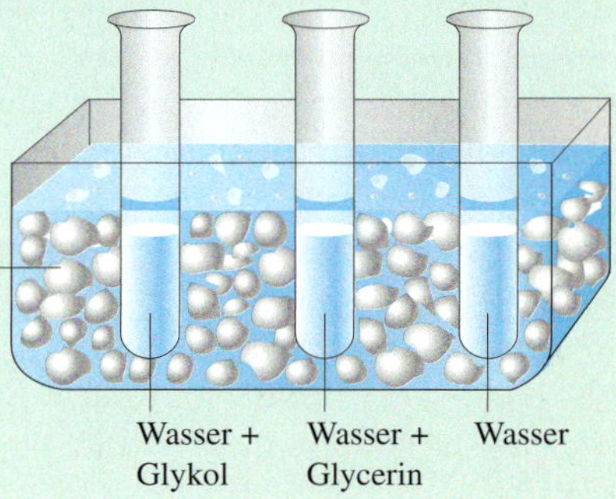

18 Verhalten von Glycerin an der Luft

Materialien: große Petrischale, Waage.
Chemikalien: Glycerin.
Durchführung: Wiegen Sie eine mit Glycerin gefüllte große Petrischale. Lassen Sie die Schale eine Stunde offen stehen und wiegen Sie erneut.
Auswertung: Vergleichen Sie beide Messergebnisse. Formulieren Sie Vermutungen darüber, worauf dieses Ergebnis zurückzuführen ist.
Entsorgung: Glycerinreste einsammeln.

Alkanole

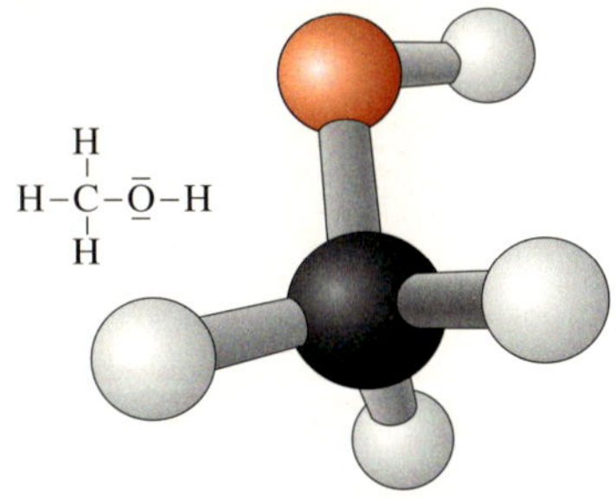

1 Strukturformel und Modell des Methanolmoleküls

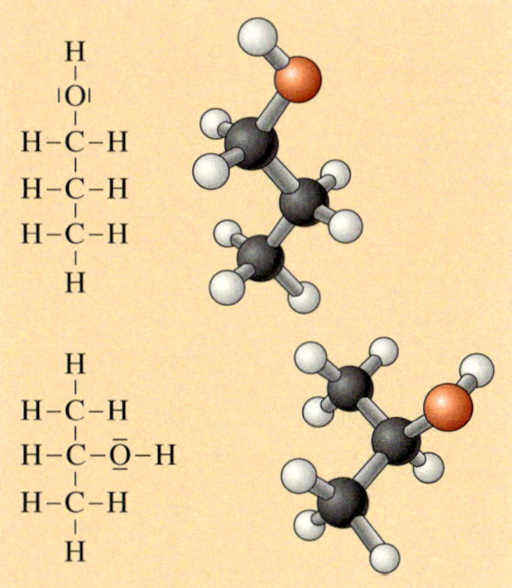

2 Strukturformeln und Modelle der Moleküle von Propan-1-ol und Propan-2-ol

EXPERIMENT 19 [L]
Nachweis von Alkanolen
5 ml Methanol (GHS 02/06/08), 5 ml Propanol (GHS 02/05/07) und 5 ml Butanol (GHS 02/05/07) werden jeweils in eine Porzellanschale gegeben. Das Alkanol wird dann jeweils mit 1 g Borsäure (GHS 07/08) und zwei Tropfen konzentrierter Schwefelsäure versetzt. Nach dem Umrühren mit einem Glasstab sind die drei Flüssigkeitsgemische mit kleiner Brennerflamme zu entzünden.

Methanol Neben dem Ethanol gibt es eine große Anzahl weiterer Verbindungen, deren Moleküle aus einem Alkylrest und einer Hydroxygruppe bestehen. Dazu gehört die organische Verbindung **Methanol**. Im Methanolmolekül sind ein Kohlenstoffatom und drei Wasserstoffatome, also ein Methylrest, mit einer Hydroxygruppe verbunden. Die vereinfachte Strukturformel lautet deshalb $\mathbf{CH_3{-}OH}$.
Methanol ist eine farblose, leicht bewegliche, brennbare Flüssigkeit. Seine Dichte beträgt bei 25 °C $\varrho = 0{,}79\,g/cm^3$, die Schmelztemperatur liegt bei –97,7 °C, die Siedetemperatur bei 64,7 °C. Mit Wasser und mit Ethanol ist es beliebig mischbar. ↑E.11 S.58 Methanol ist sehr giftig. Etwa 5 bis 10 g können beim Menschen zur Erblindung und etwa 25 g zum Tod führen. Mit Borsäure verbrennt Methanol mit grüner Flamme. Dadurch kann es von Ethanol unterschieden werden. ↑E.19
Methanol dient als Lösemittel z. B. bei der Herstellung von Farben, Lacken und Klebstoffen. Ebenso wird es bei der Herstellung von Chemiefaserstoffen benötigt. Als Kraftstoff wird es in Verbrennungsmotoren oder als Brennstoff in Brennstoffzellen eingesetzt. Zunehmend wird es für die Eiweißgewinnung durch biochemische Prozesse wichtig.

Die homologe Reihe der Alkanole Neben Methanol und Ethanol gibt es weitere von den Alkanen abgeleitete organische Verbindungen mit einer Hydroxygruppe im Molekül, z. B. Propanol (C_3H_7OH), Butanol (C_4H_9OH) oder Decanol ($C_{10}H_{21}OH$). Alle Verbindungen, deren Moleküle aus einem Alkylrest mit einer Hydroxygruppe bestehen, werden als **Alkanole** bezeichnet. Neben den Alkanolen gibt es weitere organische Stoffe, deren Moleküle die Hydroxygruppe besitzen. Sie bilden die Stoffklasse der **Alkohole**. Da Alkanole nur eine Hydroxygruppe im Molekül besitzen, sind sie **einwertige Alkohole**.
Die Alkanole bilden eine homologe Reihe mit ähnlichen Molekülstrukturen und ähnlichen Eigenschaften. Die Moleküle benachbarter Glieder der homologen Reihe unterscheiden sich jeweils um eine $-CH_2$-Gruppe. Der Name des entsprechenden Alkanols leitet sich vom Namen des jeweiligen *Alkans* mit der Endung **-ol** ab, z. B. *Propan***ol**.
Die Alkanole haben die **allgemeine Formel** $\mathbf{C_nH_{2n+1}OH}$.
Kann die –OH-Gruppe an unterschiedlichen C-Atomen im Molekül gebunden sein, wird das im Namen angegeben. Befindet sich die Hydroxygruppe am ersten bzw. letzten Kohlenstoffatom des Moleküls, erhält es z. B. den Namen Propan-1-ol. Ist die Hydroxygruppe an einem anderen Kohlenstoffatom gebunden, wird das ebenfalls im Namen angegeben, z. B. Propan-2-ol.
Häufig wird bei endständiger –OH-Gruppe auf die Zahlangabe des Kohlenstoffatoms verzichtet, man sagt statt Propan-1-ol nur Propanol.

$CH_3{-}CH_2{-}CH_2{-}OH$ Propan-1-ol $CH_3{-}CH(OH){-}CH_3$ Propan-2-ol

3 Vereinfachte Strukturformeln zweier Propanol-Isomere

Alkanole sind organische Verbindungen, deren Moleküle aus einem Alkylrest mit einer Hydroxygruppe bestehen.

Zusammenhang zwischen Struktur und Eigenschaften der Alkanole Alle Alkanole besitzen in ihren Molekülen eine Hydroxygruppe. Sie bewirkt die Reaktionen der Alkanole, z. B. die Reaktion der Alkanole mit Natrium zu Alkanolaten unter Wasserstoffbildung. ↑E.19

$$2\ CH_3{-}CH_2{-}OH\ (l) + 2\ Na\ (s) \longrightarrow 2\ CH_3{-}CH_2{-}ONa\ (aq) + H_2\ (g)$$
Ethanol Natrium Natriumethanolat Wasserstoff

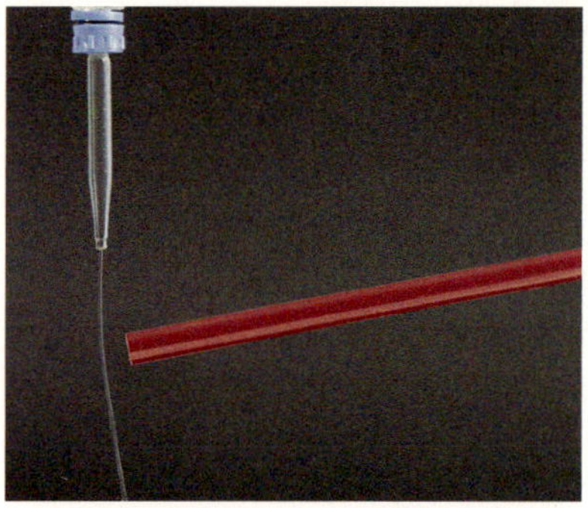

4 Ablenkung eines Ethanolstrahls durch einen elektrisch geladenen Kunststoffstab

Auch die Reaktion der Alkanole mit Borsäure ist auf die Hydroxygruppe zurückzuführen. ↑E.9,16 S.56,59 Die Hydroxygruppe ist das wesentliche Strukturmerkmal aller Moleküle der homologen Reihe der Alkanole. Solche Atomgruppen werden als **funktionelle Gruppen** bezeichnet. Die Hydroxygruppe ist die funktionelle Gruppe der Alkanole.
Die Hydroxygruppe ist polar, das Wasserstoffatom hat einen positiven und das Sauerstoffatom einen negativen Ladungsschwerpunkt. ↑1 S.62 Dieser Dipolcharakter führt dazu, dass ein Ethanolstrahl von einem elektrisch aufgeladenen Stab genauso abgelenkt wird wie ein Wasserstrahl. ↑E.4 S.54 Der Alkylrest eines Alkanolmoleküls ist dagegen unpolar. Daraus folgt: Jedes Alkanolmolekül besitzt einen polaren und einen unpolaren Molekülteil. ↑5 Der polare Molekülteil ist hydrophil („wasserliebend") und lipophob („fettmeidend"), der unpolare lipophil und hydrophob. Beide bestimmen die Eigenschaften der Alkanole. ↑E.11–15 S.58/59 und folgende Tabelle

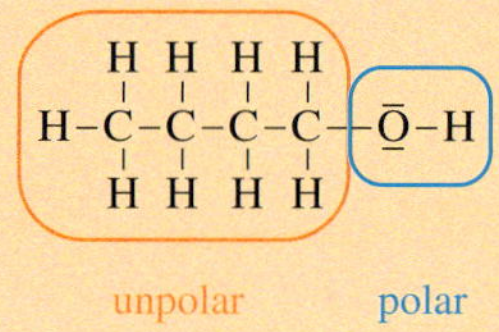

5 Unpolarer und polarer Molekülteil eines Butanolmoleküls

Vergleich der Eigenschaften der Alkanole

Name	Summenformel	Molare Masse g/mol	Löslichkeit in polaren Stoffen, z. B. Wasser	Löslichkeit in unpolaren Stoffen, z. B. Heptan	Reaktion mit Natrium	Schmelztemperatur °C	Siedetemperatur °C
Methanol	CH_3OH	32	sehr gut	unlöslich	heftig	–97,7	64,7
Ethanol	C_2H_5OH	46	abnehmend	zunehmend	abnehmend	–114,2	78,4
Propan-1-ol	C_3H_7OH	60				–126	97,2
Butan-1-ol	C_4H_9OH	74				–89	117
Pentan-1-ol	$C_5H_{11}OH$	88				–78	138
Hexan-1-ol	$C_6H_{13}OH$	102				–45	157
Octan-1-ol	$C_8H_{17}OH$	130				–16	195
Dodecan-1-ol	$C_{12}H_{25}OH$	186				24	261
Hexadecan-1-ol	$C_{16}H_{33}OH$	242	unlöslich	sehr gut	praktisch nicht	49	344

Durch die Polarität der Alkanolmoleküle bilden sich zwischen ihnen **Wasserstoffbrücken**. ↑2 S.62 Die Wasserstoffbrücken bewirken die deutlich höheren Siedetemperaturen der Alkanole im Vergleich zu den Alkanen. ↑nebenstehende Tabelle
Kurzkettige Alkanole lösen sich sehr gut in polaren Stoffen wie Wasser. Die langkettigen Alkanole lösen sich dagegen nicht mehr in polaren Stoffen, aber sehr gut in unpolaren wie Heptan oder Petroleumbenzin. ↑E.11,12 S.58 Wie ist dieser Unterschied zu erklären?

Siedetemperaturen von Alkanen und Alkanolen in °C

Methan:	–161,4	Methanol:	64,7
Ethan:	–88,5	Ethanol:	78,4
Propan:	–42,1	Propan-1-ol:	97,2
Butan:	–0,5	Butan-1-ol:	118,0
Pentan:	36,2	Pentan-1-ol:	138,0

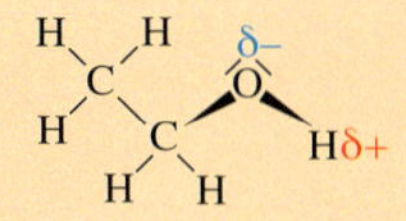

1 Polare Hydroxygruppe am Ethanol

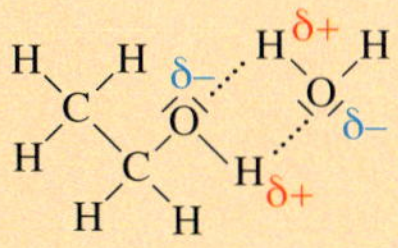

2 Wasserstoffbrücken zwischen einem Ethanolmolekül und einem Wassermolekül

Primäres Alkanol

$R{-}CH_2{-}OH$

Sekundäres Alkanol

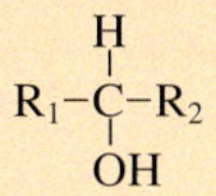

Tertiäres Alkanol

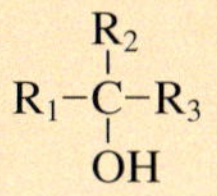

3 Allgemeine Formeln für Alkanole

Bei den kurzkettigen Alkanolen dominiert der Einfluss der Hydroxygruppe. Zwischen den Alkanolmolekülen und den Wassermolekülen bilden sich Wasserstoffbrücken, sodass kurzkettige Alkanole in Wasser gut löslich sind. Bei längerkettigen Alkanolen ist der Einfluss der Hydroxygruppe geringer, es dominiert der Einfluss des unpolaren Alkylrests. Hierauf beruht deren schlechte Löslichkeit in Wasser und die sehr gute Löslichkeit in unpolaren Stoffen wie beispielsweise Petroleumbenzin.
Die Kettenlänge (Molekülgröße, molare Masse) beeinflusst weitere Eigenschaften der Alkanole. Kurzkettige Alkanole sind dünnflüssig, Alkanole mit mittlerer Kettenlänge ölig und langkettige etwa ab Dodecanol fest. Diese Eigenschaft ist auf die Zunahme von Van-der-Waals-Kräften zwischen den Alkylresten zurückzuführen. Je länger die Kette wird, desto stärker werden diese zwischenmolekularen Kräfte.
Kurzkettige Alkanole reagieren mit manchen Stoffen deutlich heftiger als langkettige, z. B. mit Lithium. ↑E.16 S.59
Alkanole reagieren nicht wie Hydroxidlösungen basisch, da in der Lösung keine Hydroxid-Ionen vorliegen. ↑E.15 S.59

Alkanole bilden eine homologe Reihe. Die Hydroxygruppe (–OH-Gruppe) ist die funktionelle Gruppe der Alkanole. Die funktionelle Gruppe ist ein wesentliches Strukturmerkmal der Moleküle eines Stoffes. Sie bestimmt ebenso wie die Kettenlänge der Moleküle die Eigenschaften der Alkanole mit.

Isomerie bei Alkanolen In einem Labor wurden drei Flaschen mit Butanol (C_4H_9OH) untersucht. Alle drei Stoffe hatten verschiedene Siedetemperaturen und lösten sich unterschiedlich gut in Wasser. Worauf ist dieses Verhalten zurückzuführen?
Butanol bildet drei isomere Verbindungen. In den drei Butanolmolekülen hat die Hydroxygruppe jeweils eine andere Stellung. Da die Isomere jeweils die gleiche Summenformel, aber eine unterschiedliche Struktur (Konstitution) besitzen, wird diese Art von Isomerie als **Konstitutionsisomerie** bezeichnet.
Die Isomere des Butanols können als verschiedene Stoffe angesehen werden. Sie besitzen teilweise unterschiedliches chemisches Reaktionsverhalten. Außerdem unterscheiden sie sich z. B. in ihren Schmelztemperaturen und Siedetemperaturen sowie in ihrer Löslichkeit. ↑Tabelle S.63
Befindet sich die Hydroxygruppe am Ende, wird es als n-Butanol (Normal-Butanol) bezeichnet. Befindet sie sich an einem anderen Kohlenstoffatom, handelt es sich um i-Butanol (Iso-Butanol).
Ist die Hydroxygruppe an ein Kohlenstoffatom gebunden, das höchstens ein weiteres Kohlenstoffatom bindet, spricht man von **primären Alkanolen**. Bei **sekundären Alkanolen** ist die Hydroxygruppe an ein Kohlenstoffatom gebunden, das zwei weitere Kohlenstoffatome bindet. Bei **tertiären Alkanolen** ist die Hydroxygruppe an ein Kohlenstoffatom gebunden, das drei weitere Kohlenstoffatome trägt. ↑3

Alkanole gleicher Summenformel können sich in der Stellung der Hydroxygruppe im Molekül unterscheiden. Deshalb werden sie in primäre, sekundäre und tertiäre Alkanole eingeteilt. Isomere Alkanole unterscheiden sich trotz gleicher Summenformel in ihren Eigenschaften.

Isomere des Butanols	Molekülmodell	Siedetemperatur in °C	Löslichkeit in 100 g Wasser
$\overset{4}{C}H_3-\overset{3}{C}H_2-\overset{2}{C}H_2-\overset{1}{C}H_2-OH$ Butan-1-ol (primäres Butanol)	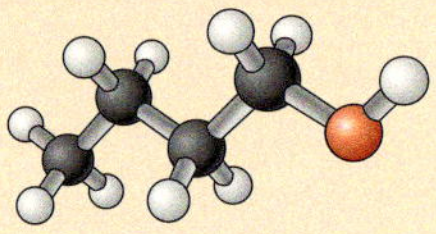	118	8,3 g
$\overset{4}{C}H_3-\overset{3}{C}H_2-\overset{2}{C}H(OH)-\overset{1}{C}H_3$ Butan-2-ol (sekundäres Butanol)	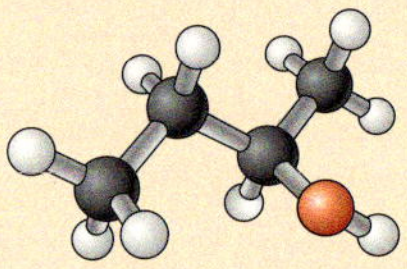	100	12,5 g
$H_3\overset{3}{C}-\overset{2}{C}(CH_3)(OH)-\overset{1}{C}H_3$ 2-Methyl-Propan-2-ol (tertiäres Butanol)	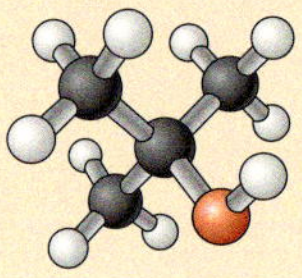	83	unbegrenzt löslich

Mehrwertige Alkohole Die bisher vorgestellten Alkanole gehören zu den einwertigen Alkoholen. Glykol (Ethan-1,2-diol) besitzt als zweiwertiger Alkohol in seinen Molekülen zwei Hydroxygruppen. Glycerin (Propan-1,2,3-triol) als dreiwertiger Alkohol enthält drei Hydroxygruppen in seinen Molekülen. Beide Verbindungen gehören zu den mehrwertigen Alkoholen.

Glykol und Glycerin sind farblose, ölige und brennbare Flüssigkeiten. Ihre Siedetemperaturen sind erheblich höher als die der entsprechenden einwertigen Alkohole, da die Moleküle untereinander viele Wasserstoffbrücken bilden. Aufgrund der Polarität sind sie stark wasseranziehend sowie gut mit Wasser, aber nicht mit Heptan oder Petroleumbenzin mischbar. Beide Alkohole schmecken wie weitere mehrwertige Alkohole süß (griech. glykys – süß). Glykol-Wasser-Gemische im Verhältnis 1 : 1 gefrieren erst bei –40 °C und werden deshalb als Frostschutzmittel in Kühlern von Kraftfahrzeugen und zum Enteisen von Flugzeugen eingesetzt. ↑E.17 S.59

Alkohole, deren Moleküle mehr als eine Hydroxygruppe enthalten, z. B. Glykol (Ethan-1,2-diol) und Glycerin (Propan-1,2,3-triol), werden als mehrwertige Alkohole bezeichnet.

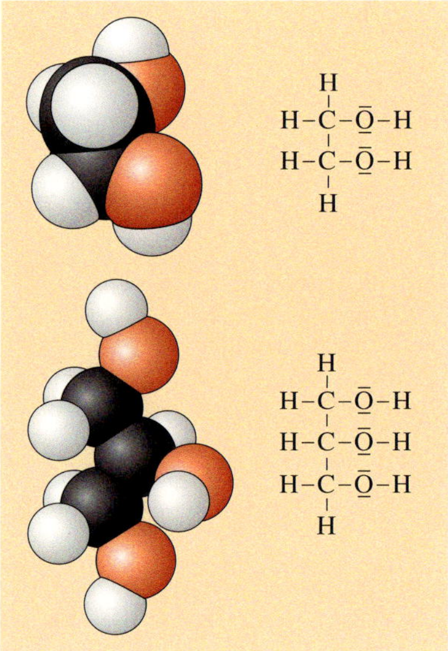

4 Modelle und Strukturformeln der Moleküle von Glykol und Glycerin

Aufgaben

1 Fertigen Sie eine Tabelle an, in der Ethan, Ethanol und Glykol nach folgenden Gesichtspunkten verglichen werden: Summenformel, vereinfachte Formel, Strukturformel, Aggregatzustand, Schmelztemperatur, Siedetemperatur, Dichte, Mischbarkeit mit Wasser, Mischbarkeit mit Benzin.
Erklären Sie festgestellte Unterschiede.

2 Geben Sie die vereinfachten Strukturformeln von a) Ethanol und Glykol und b) Propanol und Glycerin an und vergleichen Sie die Strukturen der jeweiligen Moleküle.

3 Es existieren mehrere Konstitutionsisomere des Pentanols.

a Erläutern Sie am Beispiel von Pentanol den Begriff Konstitutionsisomerie.

b Geben Sie Namen und vereinfachte Strukturformeln aller Isomere von Pentanol an.

c Vergleichen Sie die Eigenschaften dieser Isomere und begründen Sie die Unterschiede.

Gaschromatografie

1 Die Trennsäule – Herzstück eines Gaschromatografen

Das Analyseverfahren Die Gaschromatografie ist ein modernes Analyseverfahren, mit dessen Hilfe gasförmige oder leicht verdampfbare Stoffgemische auf ihre Zusammensetzung untersucht werden können. Ein Gaschromatograf besteht aus einem Injektor, über den die Probe auf das Analysegerät aufgegeben wird, und einer bis zu 100 Meter langen Trennsäule. ↑1
Die Trennsäule ist mit einem porösen Feststoff gefüllt, der an seiner Oberfläche mit einem hochsiedenden Lösemittel wie z. B. Siliconöl bedeckt ist. Über diese sogenannte stationäre Phase wird das zu untersuchende Stoffgemisch mithilfe eines Trägergases, z. B. Helium oder Stickstoff, transportiert. Dabei verweilen die einzelnen Stoffe unterschiedlich lange in der stationären Phase und werden dadurch voneinander getrennt.
Am Säulenausgang können die getrennten Stoffe mit einem geeigneten Detektor nachgewiesen werden. Chromatografische Trennmethoden sind bis in den Nanogramm-Bereich (10^{-9} g) empfindlich und universell einsetzbar.

2 Methanol im Wein entsteht durch die Spaltung von Pektin aus Stängeln und Schalen der Weintrauben.

Gaschromatografische Untersuchung von Branntwein Branntwein wird durch Destillation alkoholhaltiger Flüssigkeiten wie z. B. Weißwein oder Rotwein gewonnen und kann gesundheitsgefährdende Mengen an Methanol enthalten. Auch Weine enthalten geringe Spuren an Methanol, die als Nebenprodukt der alkoholischen Gärung entstehen. ↑2 Erst bei der Destillation wird der giftige Alkohol im Destillat angereichert, sodass es beim Genuss zu Vergiftungserscheinungen wie Kopfschmerzen und Schwindel bis hin zu Atemnot und irreversiblen Netzhautschäden kommen kann. Die Methanolfraktion kann zwar bei der Destillation weitgehend abgetrennt werden. Dennoch kam es in der Vergangenheit immer wieder zu Vergiftungen mit Todesfolge, die auf den Genuss schwarz gebrannten Schnapses zurückgeführt wurden. Deshalb ist die lebensmittelrechtliche Überwachung von Branntweinen von besonderer Bedeutung. Neben Methanol können diese Spirituosen auch sogenannte Fuselalkohole enthalten. Sie verleihen dem Destillat Aroma, führen bei hohem Gehalt jedoch zu Übelkeit, Kopfschmerzen und Müdigkeit. Bei diesen Fuselalkoholen handelt es sich unter anderem um Butanol, Pentanol und Hexanol, die wie Methanol einfach mittels Gaschromatografie nachgewiesen werden können.
Für die gaschromatografische Untersuchung wird eine kleine Probe des Branntweins mit einer Spritze auf den Gaschromatografen aufgegeben und im Injektor verdampft. Das gasförmige Stoffgemisch wird in der Trennsäule in seine Bestandteile aufgetrennt. Dabei lösen sich die Alkanole unterschiedlich gut in der stationären Phase. Am Ende der Trennsäule kommt zuerst Methanol an, das aufgrund seines niedrigen Siedepunkts und seiner hohen Polarität nur schwach an die stationäre Phase gebunden wird. Ihm folgen Ethanol und die Fuselalkohole. Die einzelnen Stoffe werden vom Detektor als elektronische Signale registriert und mithilfe eines Schreibers als Peaks (engl. peak – Spitze) in einem Chromatogramm dargestellt. ↑3

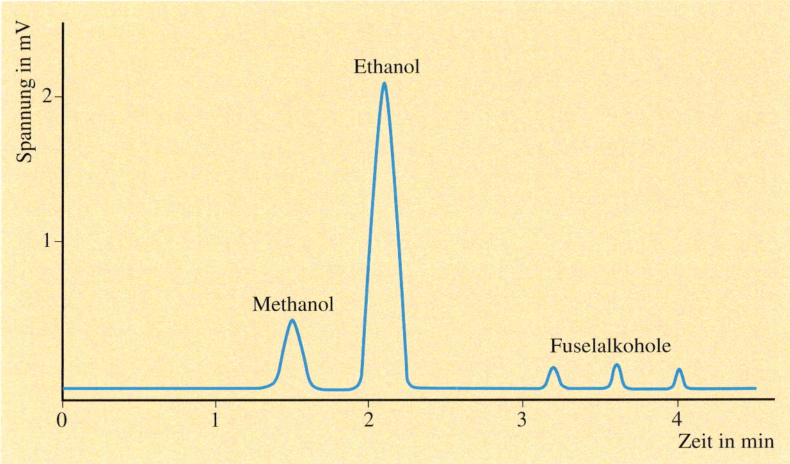

3 Gaschromatogramm eines Branntweins

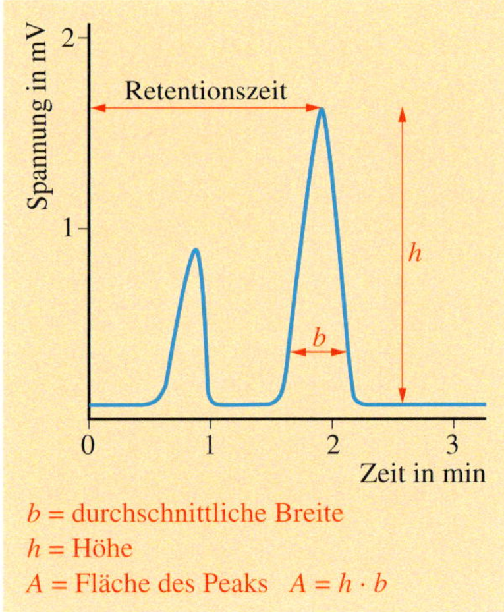

4 Auswertung eines Chromatogramms mithilfe von Retentionszeit und Fläche der Peaks

Auswertung Die für die Auswertung des Chromatogramms interessanten Größen sind die Retentionszeit und Fläche der einzelnen Peaks. ↑4 Die Retentionszeit (lat. retinere – zurückhalten) ist die Zeit, die zwischen der Einspritzung der Probe und dem Erscheinen des Peaks vergeht. Sie ist charakteristisch für einen Stoff und kann zu dessen Identifizierung genutzt werden. Dafür wird das Gaschromatogramm mit einem Eichchromatogramm verglichen, das unter gleichen Bedingungen aufgezeichnet wurde. Die Größe der Peakflächen kann mathematisch erfasst und für quantitative Aussagen herangezogen werden.

Spurensuche Die Gaschromatografie findet neben der Lebensmittelüberwachung vor allem auch bei medizinischen Untersuchungen und in der Umweltanalytik Anwendung. Dabei können selbst geringste Spuren noch problemlos nachgewiesen werden. ↑Tabelle

Ein wichtiges Anwendungsbeispiel ist die Bestimmung der Blutalkoholkonzentration, die unter anderem zur Beurteilung der Schuldfähigkeit eines Täters genutzt wird. Da Blut beim Erhitzen gerinnt, können Blutproben nicht einfach auf den Chromatografen aufgespritzt und verdampft werden. Die Proben müssen zunächst im Labor zur Gerinnung gebracht und zentrifugiert werden. Nur das gereinigte Blutserum wird dann gaschromatografisch untersucht.

Erreichte Nachweisgrenzen bei der Untersuchung von Vanillearoma in Luft

Verfahren	Nachweisgrenze
Gaschromatografie ohne Probenaufbereitung	1 mg/m^3
Gaschromatografie mit Probenaufbereitung	1 $\mu g/m^3$
Geruchssinn von	
Mensch	1 mg/m^3
Hund	1 $\mu g/m^3$

Aufgaben

1 Zeichnen Sie den schematischen Aufbau eines Gaschromatografen und beschriften Sie die wichtigsten Bauteile.

2 Erläutern Sie, welche Größen für die Auswertung eines Chromatogramms von Bedeutung sind und welche Aussagen daraus abgeleitet werden können.

3 Bei der Analyse eines Obstbrandes wurde neben Ethanol auch Methanol gefunden. Zeichnen Sie das zu erwartende Chromatogramm und weisen Sie die Peaks den entsprechenden Alkoholen zu.

4 Die Gaschromatografie ist ein empfindliches Analyseverfahren mit universeller Einsetzbarkeit. Leiten Sie aus der vorgestellten Methode zur Bestimmung der Blutalkoholkonzentration ab, wie Rückstände von Arznei- oder Dopingmitteln in Blutproben von Leistungssportlern nachgewiesen werden können.

Ethanal und Propanon

EXPERIMENT 20 [L]
Reaktion von Ethanol mit Kupfer(II)-oxid
Eine glühende Kupferdrahtwendel wird mehrmals in ein mit 20 ml Ethanol (GHS 02) gefülltes Becherglas getaucht. Vor und nach dem Experiment werden Geruchsproben durchgeführt.

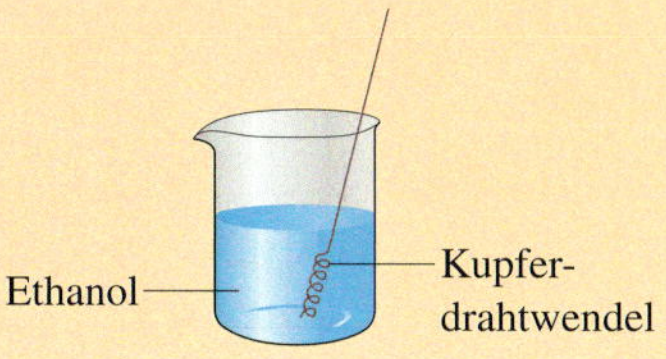

Vom Ethanol zum Ethanal Bevor es elektronische Atemalkoholmessgeräte gab, mussten Personen, die auf Alkoholkonsum getestet werden sollten, bei Alkoholkontrollen durch ein Prüfröhrchen blasen. Enthielt die Ausatemluft Ethanol, änderte sich der Farbton des orangefarbenen Stoffes im Prüfröhrchen nach Grün. Welche Stoffe sind bei dieser Reaktion entstanden?
Eine vergleichbare Reaktion fand bei Experiment 20 statt. Dort wurde zunächst eine Kupferdrahtwendel erhitzt, wobei sich schwarzes Kupfer(II)-oxid bildete. Nach dem Eintauchen in Ethanol war aber rötlich glänzendes Kupfer entstanden. Ein stechender Geruch statt des typischen Alkoholgeruchs war feststellbar. Was war passiert?
Aus dem schwarzen Kupfer(II)-oxid entstand Kupfer. Das typisch riechende Ethanol reagierte unter Wasserstoffabgabe zu stechend riechendem **Ethanal**. Die Dehydrierung von Ethanol ist eine Redoxreaktion. Kupferoxid ist Oxidationsmittel und wird zu Kupfer reduziert. Ethanol ist Reduktionsmittel und wird zu Ethanal oxidiert. Als weiteres Reaktionsprodukt entsteht Wasser. Bei dieser Redoxreaktion wird aus der Atomgruppe $-CH_2OH$ des Ethanolmoleküls die **–CHO-Gruppe** des Ethanalmoleküls gebildet. Diese Atomgruppe heißt **Aldehydgruppe**. ↑1 Ethanal gehört zur Stoffgruppe der Alkanale. Die Endung **-al** kennzeichnet die Aldehydgruppe im Molekül. Sie ist die funktionelle Gruppe der Alkanale.

Reduktion

$$\overset{-III+I}{CH_3}-\overset{-I+I}{CH_2}-\overset{-II+I}{OH} + \overset{+II-II}{CuO} \longrightarrow \overset{-III+I}{CH_3}-\overset{+I+I-II}{CHO} + \overset{\pm 0}{Cu} + \overset{+I-II}{H_2O}$$

Oxidation

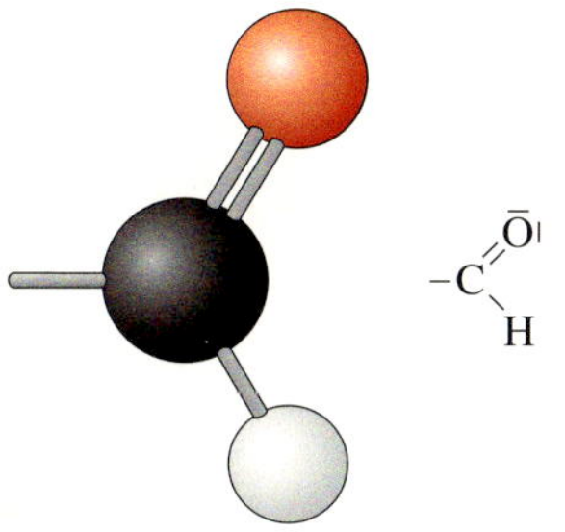

1 Modell und Strukturformel der Aldehydgruppe

Justus von Liebig (1803–1873), Professor für Chemie in Gießen und München, bezeichnete 1835 den entstandenen Stoff als **Al**cohol **dehyd**rogenatus, weil Ethanal durch Entziehung von zwei Wasserstoffatomen aus Alkohol (Ethanol) erhalten werden konnte. Der Name **Aldehyd** steht heute für eine Stoffgruppe, zu der auch die Alkanale wie z. B. Ethanal (Acetaldehyd) und das umstrittene Methanal (Formaldehyd) gehören.

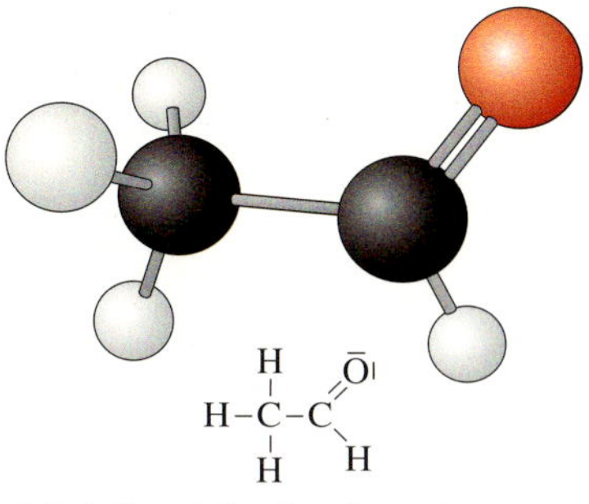

2 Modell und Strukturformel des Ethanalmoleküls

Struktur des Ethanalmoleküls Im Ethanalmolekül sind an einem Kohlenstoffatom ein Wasserstoffatom mit einer Einfachbindung und ein Sauerstoffatom mit einer Doppelbindung gebunden. ↑2 Sie bilden die Aldehydgruppe. Diese ist mit einer Methylgruppe verbunden. Die Aldehydgruppe ist wie die Hydroxygruppe der Alkanole stark polar.
Alle organischen Verbindungen, in deren Molekülen als funktionelle Gruppe eine Aldehydgruppe enthalten ist, heißen **Aldehyde**.

Vorkommen und Bedeutung von Ethanal Ethanal ist Zwischenprodukt bei Stoffwechselvorgängen pflanzlicher und tierischer Organismen, z. B. auch im menschlichen Organismus. Es entsteht auch bei der alkoholischen Gärung, weshalb es in geringen Mengen in allen alkoholischen Getränken wie Bier und Wein enthalten ist. In Früchten und Gemüse, aber auch in Essig, Kaffee und im Zigarettenrauch ist es anzutreffen.

Natürlicher Ethanalgehalt von Lebensmitteln (in mg/kg bzw. mg/l)						
Fisch	Weißbrot	Birnen	Tomaten	Essig	Bier	Zigarettenrauch
2,5	4–10	7	0,2–9	20–1060	0,2–24	1 mg im Rauch einer Zigarette

Ethanal ist in der chemischen Industrie von größerer Bedeutung. So wird es bei der Erzeugung von Pharmazeutika, Kunststoffen und Farben verwendet. Viele organische Stoffe wie Essigsäure, Butan-1-ol oder Propanon lassen sich aus Ethanal herstellen. Früher wurde Ethanal vereinzelt zum Versilbern von Glas, z. B. in der Spiegelherstellung, eingesetzt.

4 Zigarettenrauch enthält gefährliches Ethanal.

Nachweis und Reaktionen der Aldehydgruppe Eine Möglichkeit, die Aldehydgruppe nachzuweisen, bietet die sogenannte Silberspiegelprobe. Aus einer frisch bereiteten ammoniakalischen Silbernitratlösung (Tollens-Reagenz) fällt nach Zugabe von Stoffen mit einer Aldehydgruppe in ihren Molekülen Silber aus. An einer Glaswand bildet dieses Silber eine spiegelnde Schicht. ↑E.21 ↑3 Der Nachweis mit Tollens-Reagenz beruht auf der Oxidierbarkeit der Aldehydgruppe. Silber-Ionen werden dabei zu Silber reduziert.

Reduktion

$$\overset{-III+I}{CH_3}-\overset{+I\,+I-II}{CHO} + 2\,\overset{+I}{Ag^+} + 2\,\overset{-II+I}{OH^-} \longrightarrow \overset{-III+I}{CH_3}-\overset{+III-II-II+I}{COOH} + 2\,\overset{\pm 0}{Ag} + \overset{+I\,-II}{H_2O}$$

Oxidation

Auch der Nachweis mit Fehling'scher Lösung ist eine Redoxreaktion. Die Aldehydgruppe wird oxidiert und die Kupfer(II)-Ionen der türkisblauen Lösung zu Kupfer(I)-Ionen des rotbraunen Kupfer(I)-oxids oder zu Kupferatomen reduziert. ↑E.22

Weniger spezifisch ist der Nachweis der Aldehydgruppe mit fuchsinschwefliger Säure (Schiffs Reagenz). Die farblose Lösung des organischen Farbstoffes Fuchsin in schwefliger Säure wird bei Zugabe von Stoffen mit Aldehydgruppen im Molekül rotviolett. ↑E.23

EXPERIMENT 21 [L]
Silberspiegelprobe
Abzug! In einem neuen kleinen Rundkolben wird zu frisch bereiteter ammoniakalischer Silbernitratlösung (Tollens-Reagenz, GHS 03/05/09) 1 ml Ethanal (GHS 02/07/08) gegeben. Nach vorsichtigem Schwenken wird der Kolben einige Minuten in ein Becherglas mit warmem Wasser gestellt.

EXPERIMENT 22 [L]
Wirkung von Fehling'scher Lösung auf Propanal
Abzug! In einem Reagenzglas werden je 1 ml Fehling'sche Lösung I und II (GHS 05) gemischt. Langsam werden einige Tropfen Propanal (GHS 02/07) hinzugegeben und das Gemisch unter ständigem Schütteln vorsichtig bis zum Sieden erhitzt.

3 Silberspiegelprobe

EXPERIMENT 23 [L]
Nachweis von Aldehyden mit fuchsinschwefliger Säure
Jeweils etwa 5 ml fuchsinschweflige Säure (Schiffs Reagenz) in Reagenzgläsern werden mit drei Tropfen 35%iger Formaldehydlösung (GHS 05/06/08) bzw. Ethanal (GHS 02/07/08) versetzt und geschüttelt.

Ethansäure

1 Verschiedene Essigsorten im Handel

Aus Wein wird Essig Wein, der längere Zeit offen steht, riecht unangenehm und schmeckt sauer. Dieser Wein ist zu Essig geworden.
Hervorgerufen wird der Vorgang, der als **Essigsäuregärung** bezeichnet wird, durch Essigbakterien. Diese Bakterien und ihre Wirkung wurden bereits im 19. Jahrhundert von LOUIS PASTEUR (1822–1895), einem französischen Chemiker und Biologen, entdeckt. Er legte Grundlagen für die Wissenschaft der Mikrobiologie. Essigsäurebakterien bilden Enzyme, die das Ethanol des Weines mit dem Sauerstoff der Luft zu Essigsäure oxidieren. Bereits um 5000 v. Chr. war Essig bekannt und wurde durch Vergärung alkoholhaltiger Flüssigkeiten, z. B. Wein oder Palmwein, hergestellt.
Heute führt man die Reaktion zur Herstellung von Essig als **Schnellessigverfahren** durch. Dabei werden ethanolhaltige Flüssigkeiten über Buchenholzspäne gerieselt, die mit Essigbakterien geimpft sind; von unten strömt Luft entgegen.
Bei einem anderen Verfahren, dem **Rundpumpverfahren**, wird in Gärbottichen Schaum erzeugt, der auf seiner Oberfläche noch mehr Essigbakterien aufnehmen kann als die Buchenholzspäne.
Der bei diesen Verfahren hergestellte Essig enthält einen Volumenanteil von höchstens 15,5 % Essigsäure. Eine höhere Konzentration würde das Absterben der Essigsäurebakterien bewirken.

Bau des Ethansäuremoleküls Die im Essig enthaltene Essigsäure weist in jedem Molekül zwei Kohlenstoffatome auf und wird deshalb auch als Ethansäure bezeichnet. Das erste Kohlenstoffatom bildet mit zwei Sauerstoffatomen und einem Wasserstoffatom die funktionelle Gruppe der Ethansäure. Die Atomgruppe

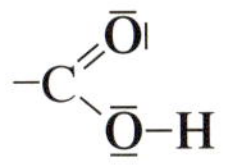

bzw. $-COOH$

wird als **Carboxygruppe** bezeichnet. Sie bestimmt wesentlich die Eigenschaften der Ethansäure. An der Carboxygruppe ist eine Methylgruppe gebunden. Zwischen den beiden Kohlenstoffatomen befindet sich eine Einfachbindung. Die vereinfachte Strukturformel lautet: CH_3-COOH.
Ethansäure ist eine **Alkansäure**. Die Moleküle der Alkansäuren sind von den Alkanen abgeleitet. Sie sind kettenförmig, haben zwischen den Kohlenstoffatomen Einfachbindungen und enthalten eine Carboxygruppe als funktionelle Gruppe im Molekül.
Alle organischen Stoffe, deren Moleküle eine oder mehrere Carboxygruppen enthalten, werden als **Carbonsäuren** bezeichnet.

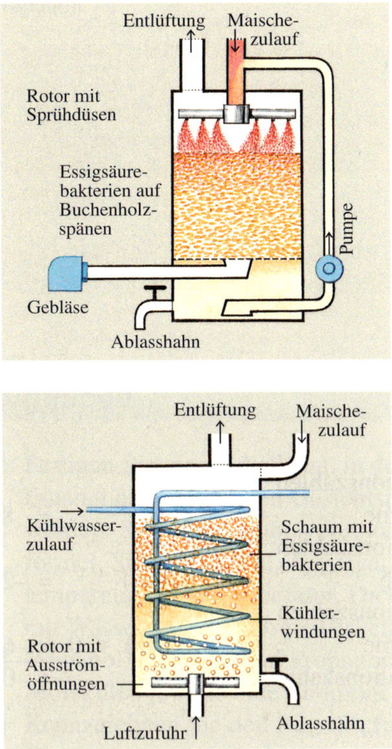

2 Schematische Darstellung des Schnellessigverfahrens und des Rundpumpverfahrens

Verwendung von Essigsäure Speiseessig [φ(Ethansäure = 5 bis 8 %] oder Essigessenz [φ(Ethansäure = 25 %] werden in der Küche zum Würzen oder Ansäuern von Speisen verwendet. Da Essig Bakterien und Pilze abtötet sowie Kalk und Rost löst, dient er auch zum Konservieren von Lebensmitteln und als Haushaltsreiniger.
Ethansäure dient in der chemischen Industrie als wichtiger Ausgangsstoff oder als Hilfsmittel vor allem bei der Herstellung von Lacken und Farben, Arzneimitteln, Lösemitteln, Kunststoffen und Kunstfasern.

Darstellung von Essigsäure Die enzymatische Gärung von Ethanol wird technisch zur Gewinnung von Speiseessig eingesetzt.

$$\underset{\text{Ethanol}}{\overset{-III\,+I}{\mathrm{CH_3}}-\overset{-I\,+I\,-II\,+I}{\mathrm{CH_2OH}}} + \overset{\pm0}{\mathrm{O_2}} \xrightarrow{\text{Enzyme}} \underset{\text{Essigsäure}}{\overset{-III\,+I}{\mathrm{CH_3}}-\overset{+III\,-II\,-II\,+I}{\mathrm{COOH}}} + \overset{+I\,-II}{\mathrm{H_2O}}$$

Da Essig maximal 15,5 % Volumenanteil an Ethansäure enthält, erfolgt die Herstellung höher konzentrierter Ethansäure durch katalytische Oxidation von Ethanal. ↑E.24

$$2\,\underset{\text{Ethanal}}{\overset{-III\,+I}{\mathrm{CH_3}}-\overset{+I\,+I\,-II}{\mathrm{CHO}}} + \overset{\pm0}{\mathrm{O_2}} \xrightarrow{\text{Katalysator}} 2\,\underset{\text{Ethansäure}}{\overset{-III\,+I}{\mathrm{CH_3}}-\overset{+III\,-II\,-II\,+I}{\mathrm{COOH}}}$$

Essigsäure wird industriell durch enzymatische Gärung aus Ethanol oder durch katalytische Oxidation von Ethanal hergestellt.

Vom Alkanol zur Alkansäure Primäre Alkanole lassen sich durch Verbrennung direkt zu Kohlenstoffdioxid und Wasser oxidieren. Je nach Reaktionspartner und Prozesssteuerung kann die Oxidation aber auch stufenweise über Alkanal und Alkansäure zum Kohlenstoffdioxid ablaufen.

$$\underset{\text{Propan-1-ol}}{\overset{-III\,+I}{\mathrm{CH_3}}-\overset{-II\,+I}{\mathrm{CH_2}}-\overset{-I\,+I\,-II\,+I}{\mathrm{CH_2OH}}} \cdots \underset{\text{Propanal}}{\overset{-III\,+I}{\mathrm{CH_3}}-\overset{-II\,+I}{\mathrm{CH_2}}-\overset{+I\,+I\,-II}{\mathrm{CHO}}} \cdots \underset{\text{Propansäure}}{\overset{-III\,+I}{\mathrm{CH_3}}-\overset{-II\,+I}{\mathrm{CH_2}}-\overset{+III\,-II\,-II\,+I}{\mathrm{COOH}}} \cdots \underset{\text{Kohlenstoffdioxid}}{\overset{+IV\,-II}{\mathrm{CO_2}}}$$

Sekundäre Alkanole lassen sich durch Verbrennung ebenfalls direkt zu Kohlenstoffdioxid und Wasser oxidieren. Aber auch diese Redoxreaktion lässt sich stufenweise über das Alkanon zum Kohlenstoffdioxid gestalten.

$$\underset{\text{Propan-2-ol}}{\overset{-III\,+I}{\mathrm{CH_3}}-\overset{\pm0\,+I\,-II\,+I}{\mathrm{CH(OH)}}-\overset{-III\,+I}{\mathrm{CH_3}}} \cdots \underset{\text{Propanon}}{\overset{-III\,+I}{\mathrm{CH_3}}-\overset{+II\,-II}{\mathrm{CO}}-\overset{-III\,+I}{\mathrm{CH_3}}} \cdots \underset{\text{Kohlenstoffdioxid}}{\overset{+IV\,-II}{\mathrm{CO_2}}}$$

EXPERIMENT 24 [L]
Darstellung von Ethansäure
Eine glühende Kupferdrahtwendel wird in eine 30%ige Ethanallösung (GHS 02/07/08) getaucht. Über die Lösung wird ein feuchtes Universalindikatorpapier gehalten.

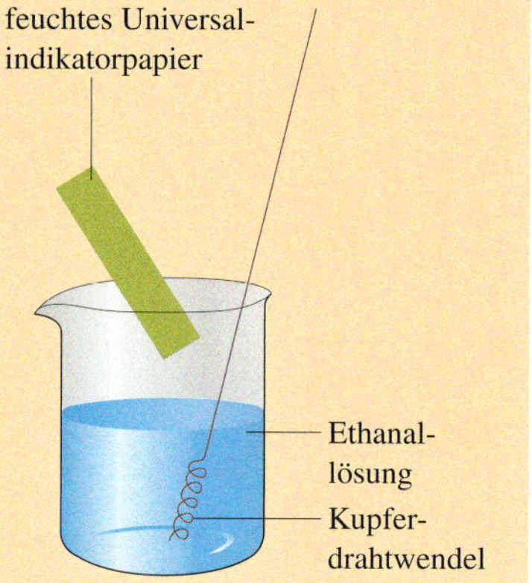

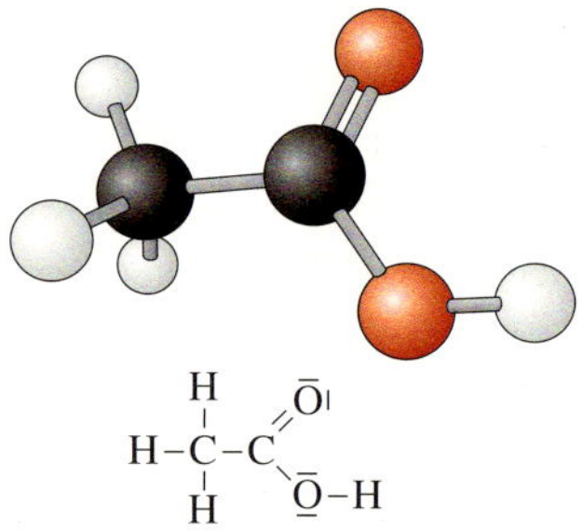

3 Modell und Strukturformel des Ethansäuremoleküls

Aufgaben

1 Beschreiben Sie die Essigsäuregewinnung durch Gärung von Ethanol und begründen Sie, warum mit diesem Verfahren keine hochkonzentrierte Ethansäure hergestellt werden kann.

2 Für die Gärung von Alkohol zu Essigsäure werden Enzyme der Essigbakterien genutzt; bei der industriellen Oxidation von Ethanal zu Ethansäure werden Mangansalze als Katalysatoren eingesetzt. Erläutern Sie die Aufgaben von Enzymen und Katalysatoren. Nennen Sie Gemeinsamkeiten und Unterschiede von biochemischer und katalytischer Erzeugung von Essigsäure.

3 Weisen Sie nach, dass die Verfahren der Essigsäureherstellung Redoxreaktionen sind.

4 Im Handel gibt es verschiedene Essigsorten zu kaufen, u. a. Weinessig.
Zeigen Sie schematisch den Weg von der Weintraube bis zum Weinessig auf.
Formulieren Sie für die dabei ablaufenden chemischen Reaktionen Wortgleichungen und Reaktionsgleichungen.

5 Vergleichen Sie von Ethanol, Ethanal und Ethansäure a) Summenformel, b) vereinfachte Strukturformel, c) Strukturformel, d) Namen und Formeln der funktionellen Gruppe.

Oxidationsprodukte von Alkoholen

Methanal Mehrere sehr wichtige Oxidationsprodukte der Alkohole gehören zur Stoffklasse der Aldehyde. Aber kaum eine Stoffklasse wird in der Öffentlichkeit so negativ gesehen wie die Aldehyde. Das liegt vor allem am Methanal (Formaldehyd), einem Aldehyd, das durch Dehydrierung aus Methanol gewonnen werden kann.
Methanal ist giftig und möglicherweise krebserregend. Richtig eingesetzt ist es aber ein unentbehrlicher Stoff zur Herstellung von Kunststoffen, Lacken und Klebern. Methanallösung (Formalin) dient zur Desinfektion und zur Konservierung biologischer Präparate.

1 Einer der Ausgangsstoffe zur Herstellung dieser Kunststoffartikel ist Methanal.

2 Methanal dient in der Möbelindustrie als Bindemittel.

3 In Methanallösung werden biologische Präparate konserviert.

Duftende Aldehyde Viele in Pflanzen vorkommende oder auch synthetisch hergestellte Aldehyde sind wichtige Duft- und Aromastoffe. Sie werden insbesondere in der Lebensmittelindustrie sowie zur Parfümherstellung eingesetzt.

4 Die Kerne dieser Früchte enthalten Benzaldehyd. Dieser Aldehyd riecht stark nach bitteren Mandeln.

5 Aus der Rinde oder den Blättern der Zimtgewächse wird Zimtöl gewonnen, das Zimtaldehyd enthält.

6 Chanel N° 5 enthielt als erstes Parfüm einen synthetischen Aldehyd, das Dodecanal.

Carbonsäuren Weitere wichtige Oxidationsprodukte von Alkoholen sind Carbonsäuren. Viele von ihnen sind in der Natur weit verbreitet, z. B. in sauer schmeckenden Pflanzen und Früchten, in saurer Milch und Milchprodukten. Aber auch synthetisch hergestellte und nicht in der Natur vorkommende Carbonsäuren sind von großer Bedeutung, z. B. für die Herstellung von Trinkflaschen oder Textilien.

7 Oxalsäure lässt Sauerampfer sauer schmecken.

8 Trinkflaschen aus PET werden aus Terephthalsäure hergestellt.

9 Textilien und Seile aus Perlon® werden aus Aminosäuren hergestellt.

Vielfalt der Carbonsäuren Anzahl, Art und Anordnung der funktionellen Gruppen können sich in Carbonsäuren stark voneinander unterscheiden. Deshalb existiert auch eine Vielzahl von diesen Säuren. Enthalten sie z. B. neben der Carboxygruppe auch Hydroxygruppen (–OH-Gruppen) im Molekül, sind es Hydroxycarbonsäuren. Im Alltag werden solche Säuren als Fruchtsäuren bezeichnet. Carbonsäuren mit Aminogruppen (–NH_2-Gruppen) im Molekül heißen Aminosäuren. Sie sind die Grundbausteine der Eiweiße.

10 Milchsäure bewirkt den sauren Geschmack von Sauerkraut.

11 Äpfelsäure kommt nicht nur in Äpfeln, sondern auch in den Beeren der Eberesche vor.

12 Im Steinpilz ist Alanin (Aminopropansäure) enthalten.

Arbeitsaufträge

1 Ermitteln Sie die vereinfachten Strukturformeln der im Text genannten Aldehyde. Formulieren Sie Vermutungen darüber, aus welchen Alkoholen diese hergestellt werden könnten.

2 Der zulässige Grenzwert für Methanal in der Raumluft beträgt 0,6 ml · m^{-3}. Mit einer Zigarette werden zwischen 70 und 100 µg Methanalgas frei. Berechnen Sie, wie viele Zigaretten geraucht werden dürften, um diese Konzentration in einem Raum von 10 m · 6 m · 3 m nicht zu überschreiten.

3 Informieren Sie sich über die Verwendung von Methanal in der Möbelindustrie. Erkunden Sie Bemühungen dieser Branche, den Methanaleinsatz zu vermindern bzw. durch Einsatz anderer Stoffe zu ersetzen.

4 Recherchieren Sie, wie Ethanol im menschlichen Körper abgebaut wird. Wird es über die Nieren ausgeschieden, in den Muskeln zur Energiegewinnung „verbrannt“ oder – wie bei Essigsäurebakterien – zu Ethansäure oxidiert? Erläutern Sie.

Komplex gedacht

1 Schwarzriesling aus Rheinhessen mit 12,5 % Alkohol

1 Aus Traubensaft lässt sich unter Einwirkung von Enzymen bestimmter Hefepilze durch alkoholische Gärung Wein gewinnen. Ein so erzeugter junger Schwarzriesling aus Rheinhessen hat einen Volumenanteil von 12,5 % Alkohol. Durch weitere Reaktionen der Hefe bilden sich Fuselöle. Dazu gehören u. a. die Alkohole Propan-1-ol, 2-Methylpropan-1-ol, 2-Methylbutan-1-ol und 3-Methylbutan-1-ol. Fuselöle können einerseits Kopfschmerzen hervorrufen, andererseits tragen sie zum guten Aroma des Weines bei.

a Entwickeln Sie für die alkoholische Gärung die Reaktionsgleichung.

b Geben Sie die Formeln für die genannten Fuselöle an.

c Ordnen Sie die Fuselöle verschiedenen Alkoholgruppen zu und begründen Sie die Zuordnung.

d Berechnen Sie die Masse an Glucose, die für die Herstellung einer Flasche (0,7 l) des jungen Rieslings erforderlich ist [ϱ(Ethanol) = 0,79 g/cm^3].

2 Die funktionelle Gruppe (–OH-Gruppe) im Ethanolmolekül könnte leicht mit den Hydroxid-Ionen (OH^-) in Basen verwechselt werden.

a Erläutern Sie die Unterschiede zwischen der Hydroxygruppe und den Hydroxid-Ionen.

b Planen Sie Experimente zur Veranschaulichung dieser Unterschiede. Zur Verfügung stehen folgende Geräte und Chemikalien: Calcium, Universalindikatorlösung, Leitfähigkeitsmessgerät, verdünnte Salzsäure, Ethanol und Natriumhydroxidlösung.

3 Großtechnisch lässt sich Ethanol durch Hydratisierung von Ethen herstellen. Die Reaktion findet bei hoher Temperatur, hohem Druck und mithilfe von Phosphorsäure als Katalysator statt.

a Entwickeln Sie für diese Reaktion die Reaktionsgleichung.

b Begründen Sie, warum technisch hergestellter Alkohol mit Zusatzstoffen „vergällt“ wird.

c Ermitteln Sie, welche Vergällungsstoffe zum Einsatz kommen können.

d Vergleichen Sie diese Reaktion mit der Herstellung von Ethanol durch Gärung.

4 Legen Sie eine Tabelle über die Löslichkeit verschiedener Stoffe nach dem Muster unten an. Verwenden Sie als Angaben + +, +, –, – –.

a Führen Sie die angegebenen Löslichkeiten auf strukturelle Merkmale der zu lösenden Stoffe und der Lösemittel zurück.

b Erläutern Sie, warum sich Ethanol in jedem Verhältnis mit Wasser mischen lässt.

Zu lösender Stoff / Lösemittel	Wasser	Benzin	Methanol	Tetradecan-1-ol	Hexan	Propan-1-ol
Propan-1-ol						———
Hexan					———	
Tetradecan-1-ol				———		
Methanol			———			
Benzin		———				
Wasser	———					

5 Primäre Alkanole können zu Alkanalen, Alkansäuren und Kohlenstoffdioxid oxidiert werden.
a Entwickeln Sie die Reaktionsgleichung für die Verbrennung von Methanol zu Kohlenstoffdioxid und Wasser unter Angabe der Oxidationszahlen.
b Entwickeln Sie die Reaktionsgleichungen für die stufenweise Oxidation von Methanol bis zur Methansäure unter Angabe der Oxidationszahlen.
c Weisen Sie nach, dass alle angegebenen Reaktionen Redoxreaktionen sind.

6 Vergleichen Sie Pentan und Pentan-1-ol hinsichtlich folgender Merkmale und begründen Sie die Ergebnisse des Vergleichs:
a Siedetemperatur
b Mischbarkeit mit Wasser
c Mischbarkeit mit Heptan

7 Von vielen Alkanen und Alkanolen existieren Konstitutionsisomere.
a Erläutern Sie, was unter Konstitutionsisomerie zu verstehen ist.
b Wählen Sie ein Alkan und das analoge Alkanol und geben Sie die Namen und Formeln aller Konstitutionsisomere an.

8 Einige Aldehyde sind wichtige Bestandteile von Parfüms, z. B. Dodecanal als erstes synthetisches Aldehyd in Chanel N° 5.

2 Produktion von Parfüms

a Geben Sie die vereinfachte Strukturformel dieses Aldehyds an.
b Erläutern Sie die Funktion dieses Aldehyds im Parfüm.
c Informieren Sie sich über weitere Inhaltsstoffe eines Parfüms.
d Begründen Sie, warum Parfüms als mengenmäßig größten Anteil Ethanol enthalten.

9 Bittermandelöl ist ein farbloses bis leicht gelbliches ätherisches Öl. Man kann es aus bitteren Mandeln, aber viel häufiger aus Aprikosenkernen gewinnen. Nach Entfernung der natürlich enthaltenen Cyanwasserstoffsäure (Blausäure) wird es als Aromastoff für die Likörherstellung, für Lebensmittelzusätze und besonders in der Herstellung von Parfüms eingesetzt.

3 Die Samen des Mandelbaums enthalten Bittermandelöl.

a Erkunden Sie im Internet weitere natürliche Vorkommen und die Zusammensetzung von Bittermandelöl.
b In dem Öl befindet sich zu 95 % Benzaldehyd. Geben Sie dessen Formel und dessen funktionelle Gruppe an.
c Planen Sie ein Experiment, mit dem Sie das Vorhandensein der Aldehydgruppe prüfen können.

10 Essigsäure ist ein gutes Konservierungsmittel.
a Erläutern Sie die konservierende Wirkung von Essigsäure.
b Informieren Sie sich im Internet, welche Konservierungsverfahren früher und heute angewendet werden und auf welchen Prinzipien sie beruhen.
c Ein Haushaltsessig hat einen Volumenanteil an Essigsäure von 5 %. Essigessenz hat einen Volumenanteil von 25 %. Berechnen Sie für den Haushaltsessig und für die Essigessenz die Stoffmengenkonzentration an Ethansäure.
d Informieren Sie sich über die Geschichte des Essigs und gestalten Sie dazu ein Poster.

Auf einen Blick

Alkohole	Organische Stoffe mit mindestens einer Hydroxygruppe (−OH-Gruppe) als funktionelle Gruppe im Molekül. Werden sie von den Alkanen abgeleitet und besitzen sie nur eine Hydroxygruppe im Molekül, bezeichnet man sie als Alkanol. Alkanole bilden eine homologe Reihe.
Funktionelle Gruppe	Atomgruppe, die die Eigenschaften eines Stoffes wesentlich mitbestimmt
Einwertige Alkohole	Verbindungen mit einer Hydroxygruppe im Molekül
Mehrwertige Alkohole	Verbindungen mit mehr als einer Hydroxygruppe im Molekül

Wichtige Vertreter	Ethanol CH_3-CH_2-OH	Glykol $HO-CH_2-CH_2-OH$	Glycerin 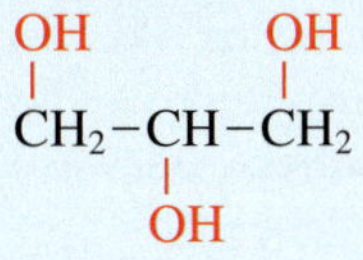
Struktur (R = organischer Rest)	R−OH einwertiger Alkohol	HO−R−OH zweiwertiger Alkohol	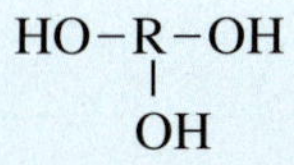 dreiwertiger Alkohol
Anordnung der Hydroxygruppe im Molekül	R−OH primäres Alkanol	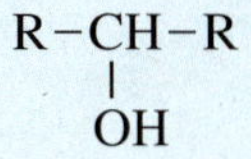 sekundäres Alkanol	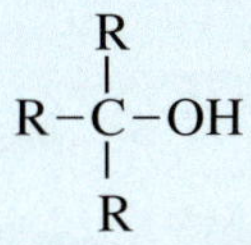 tertiäres Alkanol

Konstitutionsisomerie	Auftreten isomerer Verbindungen, in deren Molekülen die Atome in unterschiedlicher Reihenfolge miteinander verbunden sind. Konstitutionsisomere unterscheiden sich in ihren physikalischen und chemischen Eigenschaften.

Isomere des Butanols	Butan-1-ol (n-Butanol) $CH_3-CH_2-CH_2-CH_2-OH$	Butan-2-ol (i-Butanol) 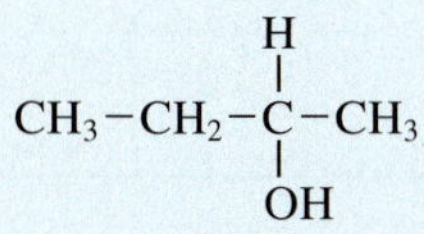	2-Methylpropan-2-ol 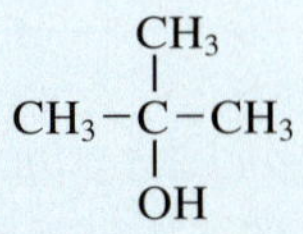

Löslichkeit von Alkanolen

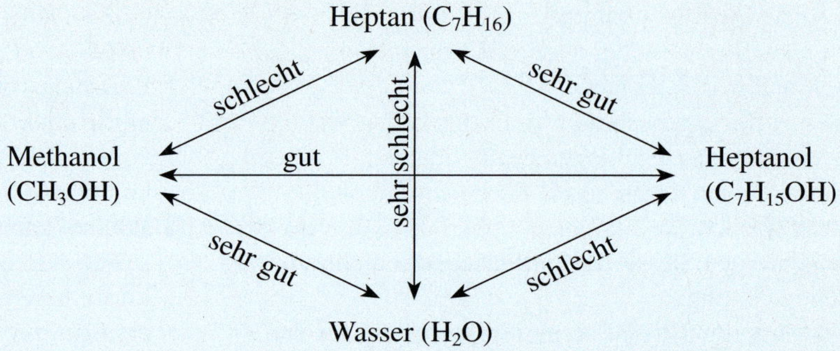

Verbrennung von Alkanolen

Alle Alkanole sind brennbar. Bei vollständiger Verbrennung entstehen Kohlenstoffdioxid und Wasser, z. B.:

$$CH_3-CH_2-OH + 3\,O_2 \longrightarrow 2\,CO_2 + 3\,H_2O$$

Aldehyde und Ketone

Aldehyde besitzen als funktionelle Gruppe die Aldehydgruppe ($-CHO$) im Molekül, z. B. Ethanal CH_3-CHO, Ketone die Ketogruppe ($>C=O$), z. B. Propanon $CH_3-CO-CH_3$.

Carbonsäuren

Organische Stoffe mit mindestens einer Carboxygruppe ($-COOH$-Gruppe) als funktionelle Gruppe im Molekül. Werden sie von den Alkanen abgeleitet und besitzen sie nur eine Carboxygruppe im Molekül, bezeichnet man sie als Alkansäuren.

Wichtige funktionelle Gruppen

Hydroxygruppe — Aldehydgruppe — Ketogruppe — Carboxygruppe

Vom Alkanol zum Kohlenstoffdioxid

$\overset{-I}{R-CH_2OH}$ ··· $\overset{+I}{R-CHO}$ ··· $\overset{+III}{R-COOH}$ ··· $\overset{+IV}{CO_2}$
primäres Alkanol — Alkanal — Alkansäure — Kohlenstoffdioxid

$CH_3-CH_2-\overset{-I}{C}H_2OH$ ··· $CH_3-CH_2-\overset{+I}{C}HO$ ··· $CH_3-CH_2-\overset{+III}{C}OOH$ ··· $\overset{+IV}{C}O_2$
Propan-1-ol — Propanal — Propansäure — Kohlenstoffdioxid

$R-\overset{\pm 0}{C}H(OH)-R$ ··· $R-\overset{+II}{C}O-R$ ··· $\overset{+IV}{C}O_2$
sekundäres Alkanol — Alkanon — Kohlenstoffdioxid

$CH_3-\overset{\pm 0}{C}H(OH)-CH_3$ ··· $CH_3-\overset{+II}{C}O-CH_3$ ··· $\overset{+IV}{C}O_2$
Propan-2-ol — Propanon — Kohlenstoffdioxid

Check-up

1 Ethanol ist ein wichtiger Stoff im Alltag, aber auch in Industrie und Technik.
a Nennen Sie Verwendungen von Ethanol im Haushalt und in der Technik.
b Geben Sie Eigenschaften des Ethanols an, die die benannten Verwendungen ermöglichen.

2 Ethanol kann durch alkoholische Gärung hergestellt werden.
a Beschreiben Sie die Durchführung der alkoholischen Gärung.
b Formulieren Sie eine Reaktionsgleichung für diese Reaktion.
c Erläutern Sie die Funktion von Enzymen bei der alkoholischen und bei der Essiggärung und vergleichen Sie beide Gärungen miteinander.
d Erläutern Sie, warum der Ethanolanteil im Wein kaum höher als 11 bis 14 % sein kann.

3 In Hessen gibt es jährlich über 3000 Alkoholtote und etwa 18 000 neue, meist junge Alkoholabhängige.
a Erläutern Sie die Gefahren des Alkohols als Suchtmittel.
b Nennen Sie Wirkungen des Alkohols auf den Menschen.

4 Bestimmte Alkanole lösen sich sehr gut in Wasser und nicht in flüssigen Alkanen. Andere verhalten sich genau umgekehrt und wieder andere Alkanole lösen sich in beiden Stoffen gut.
a Nennen Sie Vertreter der Alkanole, auf die die genannten Eigenschaften zutreffen, und geben Sie deren Formel und Namen an.
b Begründen Sie das jeweilige Verhalten.

5 Durch Dehydrieren von Ethanol kann Ethanal dargestellt werden.
a Formulieren Sie die Reaktionsgleichung.
b Erläutern Sie an diesem Beispiel, was unter Dehydrierung verstanden wird.
c Berechnen Sie die Masse an Ethanal und das Volumen an Wasserstoff, wenn 100 g Ethanol vollständig dehydriert werden.

6 Alkanole, Alkanale und Alkansäuren bilden homologe Reihen.
a Geben Sie Namen und vereinfachte Strukturformeln der ersten vier Glieder jeder dieser Reihen an.
b Erläutern Sie am Beispiel der Alkanole den Begriff der homologen Reihe.
c Weisen Sie am Beispiel der Glieder der homologen Reihe der Alkanole den Zusammenhang zwischen Struktur und Eigenschaften nach.

7 Folgende Molekülformeln sind bekannt:
C_2H_7COOH, $CH_3{-}CO{-}CH_3$, $CH_3{-}CH_2{-}CH_2{-}OH$ und $OHC{-}CH_2{-}CH_2{-}CH_3$.
a Benennen Sie die Stoffe, für die diese Formeln gültig sind.
b Ordnen Sie die Stoffe jeweils einer Stoffklasse zu und begründen Sie die Zuordnung.

8 Ethanol kann in mehreren Stufen bis zum Kohlenstoffdioxid oxidiert werden.
a Formulieren Sie die Wort- und Reaktionsgleichungen für die stufenweise Oxidation.
b Begründen Sie, warum es sich bei diesen Reaktionen um Redoxreaktionen handelt.
c Berechnen Sie die Masse an Ethansäure und das Volumen an Kohlenstoffdioxid, wenn 100 ml Ethanol stufenweise oxidiert werden.

9 Nennen Sie Vorkommen und Verwendungen von Ethanal, Aceton und Ethansäure.

10 Essigsäure kann zu Hause dargestellt werden.
a Beschreiben Sie dafür eine einfache Experimentdurchführung.
b Geben Sie an, wie Sie experimentell nachweisen können, dass wirklich Essigsäure entstanden ist.
c Entwickeln Sie die Reaktionsgleichung.
d Begründen Sie, weshalb man Essigsäure in die Stoffklasse der Säuren einordnen kann.
e Begründen Sie, weshalb Essig, der nach dem Gärungsverfahren hergestellt wird, nur einen Volumenanteil von höchstens 15,5 % Ethansäure besitzt.

→ **Die Lösungen finden Sie im Anhang.**

Aufgabe	Hilfen finden Sie auf Seite …
1	56, 57
2	55, 57, 70
3	52, 53
4	61
5	66
6	61, 66, 70
7	60, 66, 68, 70
8	66, 71
9	66, 68, 70,
10	70, 71

Halogenierte und ungesättigte Kohlenwasserstoffe

Beim autogenen Schweißen liefert ein brennbares Gas die nötige Energie. Es handelt sich bei diesem Brenngas nicht um Erdgas (Methan), sondern meistens um Acetylen (Ethin), einen anderen einfachen Kohlenwasserstoff. Ähnlich war es früher beim Treibgas in Spraydosen: Auch hier setzte man spezielle Kohlenwasserstoffe, die sogenannten FCKWs, ein.

- Welche Gemeinsamkeiten und Unterschiede gibt es zwischen den verschiedenen Kohlenwasserstoffgruppen?
- Welche Eigenschaften haben diese verschiedenen Stoffe und wie können sie dargestellt werden?
- Wie sind diese Stoffe aufgebaut?

Halogenkohlenwasserstoffe

1 Seetang nutzt Brommethan als Abwehrstoff.

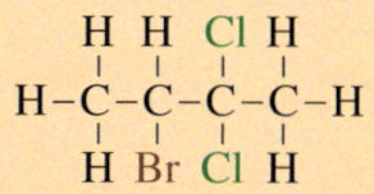

2 Strukturformel von 2-Brom-3,3-Dichlorbutan

Vorkommen Halogenkohlenwasserstoffe sind **Derivate** (lat. derivare – ableiten) der Kohlenwasserstoffe und entstehen durch Substitution eines oder mehrerer Wasserstoffatome durch Halogenatome. Entgegen früherer Einschätzungen weiß man heute, dass Halogenkohlenwasserstoffe auch natürlich vorkommen, z. B. als Stoffwechselprodukt von Fäulnispilzen im Boden. Meeresorganismen wie Blaualgen oder Seetang wurden als reichste Quelle natürlicher Halogenkohlenwasserstoffe identifiziert. ↑1 Die natürlichen Vorkommen liegen aber mengenmäßig weit unter denen industriellen Ursprungs.

Namen Die Namen der Halogenkohlenwasserstoffe leiten sich von denen der Kohlenwasserstoffe ab. Dabei werden die Halogensubstituenten (Brom, Chlor, Fluor, Iod) als Vorsilbe vor den Wortstamm gestellt.
Die griechischen Zahlwörter (Di, Tri, Tetra …) geben die Anzahl der Halogenatome im Molekül an. Ihre Position wird durch vorangestellte arabische Ziffern (1, 2, 3 …) gekennzeichnet.
Bei unterschiedlichen Halogensubstituenten wird die Reihenfolge nicht etwa durch die Stellung im Periodensystem, sondern durch das Alphabet vorgegeben: **B**rom, **C**hlor, **F**luor, **I**od. ↑2

Halogenalkane Halogenalkane sind Halogenderivate der Alkane. Halogenalkane mit einem Halogensubstituenten werden auch als **Alkylhalogenide** bezeichnet. Sie bilden eine homologe Reihe und können durch die allgemeine Summenformel $C_nH_{2n+1}X$ (X = Halogen) dargestellt werden. Chlormethan (CH_3Cl) und Chlorethan (C_2H_5Cl) sind Beispiele für die einfachsten Alkylhalogenide mit den kleinsten Molekülen.
Von den Halogenderivaten des Propans und der höheren Alkane existieren mehrere Isomere. Bei gleicher Summenformel haben sie unterschiedliche Strukturformeln. Beispielsweise tritt die Verbindung Chlorpropan in zwei Isomeren auf.

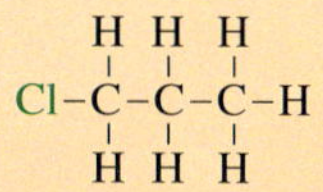

1-Chlorpropan

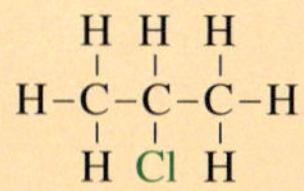

2-Chlorpropan

In den Molekülen von Halogenalkanen kann nicht nur eines, sondern jedes Wasserstoffatom durch Halogenatome ersetzt sein. Deshalb gibt es eine große Vielzahl verschiedener Halogenalkane.
Ähnlich wie bei Alkanen oder Alkanolen zeigen auch Halogenalkane innerhalb der homologen Reihe eine gesetzmäßige Abstufung ihrer Eigenschaften. Beispielsweise nimmt die Siedetemperatur von +4 °C beim Brommethan auf +101 °C beim Brombutan zu. Umgekehrt nimmt die Dichte von $1{,}73\,g \cdot ml^{-1}$ beim Brommethan auf $1{,}27\,g \cdot ml^{-1}$ beim Brombutan ab.

Halogenalkane sind Derivate der Alkane und entstehen durch Substitution von Wasserstoffatomen durch Halogenatome.

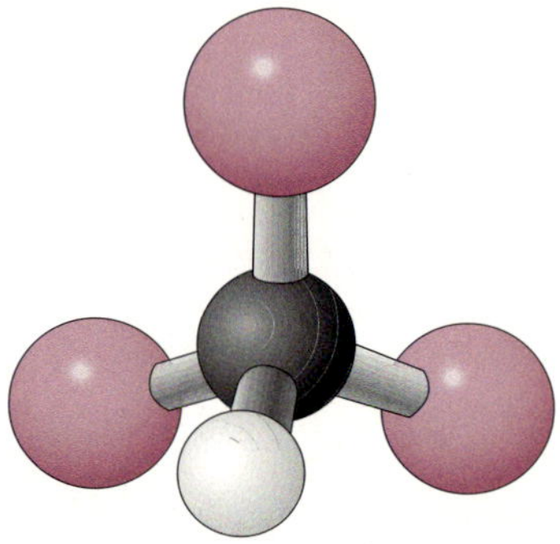

3 Triiodmethan (Iodoform) wurde früher als Antiseptikum und Desinfektionsmittel eingesetzt.

Halogenalkane in Technik und Medizin Halogenalkane werden seit den 1930er Jahren synthetisch hergestellt. Von 1950 bis Ende der 80er Jahre stieg die Produktion stetig an. Halogenalkane dienen als wichtige Ausgangsstoffe oder Zwischenprodukte für die Synthese organischer Verbindungen in der chemischen Industrie. Weil viele Halogenalkane, z. B. Dichlormethan (Methylenchlorid), gute Lösemittel für Fette, Harze und Lacke sind, werden sie industriell beispielsweise zum Entfetten von Metallteilen genutzt. Früher wurde Dichlormethan auch im alltäglichen Gebrauch als Fleckenwasser oder Abbeizmittel für Farben und Lacke verwendet. Inzwischen stehen jedoch viele Halogenalkane unter Verdacht, krebserregend zu sein. Ihre Nutzung wurde deshalb auf geschlossene Stoffkreisläufe wie etwa in der chemischen Textilreinigung beschränkt. Halogenalkane werden darüber hinaus als Schädlingsbekämpfungsmittel eingesetzt. So wird Brommethan im internationalen Handel zur Begasung von Containern verwendet.

Trichlormethan (Chloroform) war eines der ersten Narkosemittel, mit dessen Hilfe Menschen ab Mitte des 19. Jahrhunderts bei einer Operation betäubt werden konnten. Wegen seiner hohen Giftigkeit darf es heute als Narkosemittel nicht mehr verwendet werden. Es wurde durch Fluorkohlenwasserstoffe wie z. B. Halothan (CF_3–CHBrCl) ersetzt. ↑4 Auch deren Nutzung als Narkosemittel geht aufgrund schädlicher Nebenwirkungen jedoch stark zurück.

Eine besondere Stellung innerhalb der Stoffklasse nehmen die sogenannten FCKWs (Fluor-Chlor-Kohlenwasserstoffe) ein, z. B. Dichlordifluormethan (CCl_2F_2). Sie wurden weltweit bis Mitte der 90er Jahre als Treibmittel in Spraydosen, als Kältemittel in Klimaanlagen und Kühlschränken sowie als Lösemittel genutzt. Da sie die schützende Ozonschicht zerstören, gilt heute ein weitreichendes Einsatzverbot. Als Ersatzstoffe werden vor allem Fluorkohlenwasserstoffe wie etwa Tetrafluorethan genutzt.

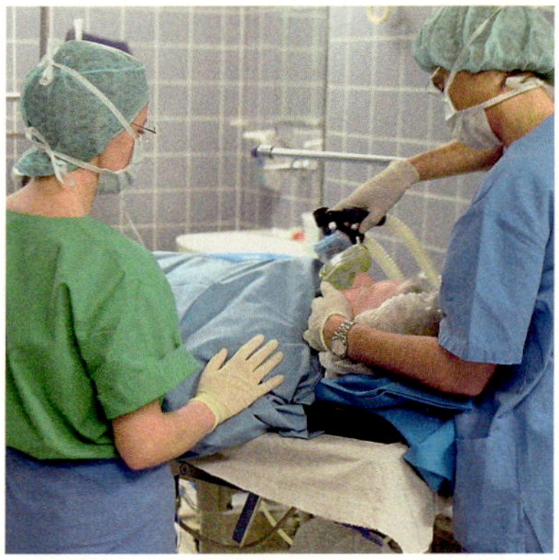

4 Inhalationsnarkose mit einem Fluorkohlenwasserstoff

Anwendungsbeispiele von Halogenkohlenwasserstoffen

Name (Trivialname / Handelsname)	Summenformel	Verwendung
Brommethan (Methylbromid)	CH_3Br	Ausgangsstoff zur Synthese organischer Verbindungen, Insektizid
2-Brom-2-Chlor-1,1,1-Trifluorethan (Halothan)	$C_2HBrClF_3$	Narkosemittel
Fluormethan (Freon 41)	CH_3F	Ätzgas bei der Produktion von Halbleitern
1,1,1,2-Tetrafluorethan (R 134a)	$C_2H_2F_4$	Kältemittel in Klimaanlagen und Kühlschränken
Tetrafluorethen (Perfluorethylen)	C_2F_4	Ausgangsstoff für die Herstellung von Teflon®

Aufgaben

1 Entwickeln Sie die Strukturformel folgender Verbindungen: 1-Brom-2,2-Difluorpropan und 1-Chlor-2,2-Difluorethen.

2 Begründen Sie, warum es viele Halogenalkane gibt.

3 Recherchieren Sie, welche Halogenalkane in der chemischen Textilreinigung eingesetzt werden. Informieren Sie sich über mögliche Ersatzstoffe.

4 Begründen Sie, warum die Nutzung von Halogenalkanen stark eingeschränkt wurde.

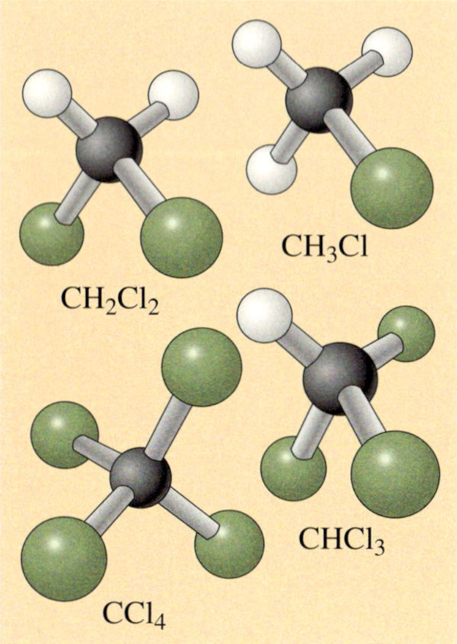

1 Molekülmodelle und Formeln der Chlorderivate von Methan

Elektronegativitätswerte (EN) nach PAULING					
	C	F	Cl	Br	I
EN	2,5	4,0	3,0	2,8	2,5

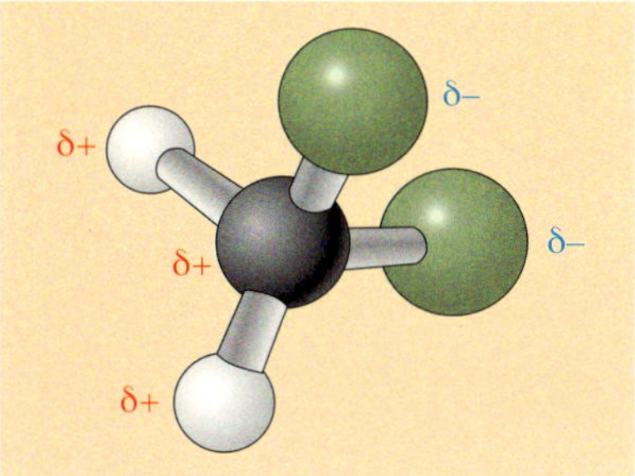

3 Modell eines Dichlormethanmoleküls mit Teilladungen

Struktur von Halogenalkanen Der räumliche Bau von Halogenalkanen lässt sich wie bei den Alkanen durch das Tetraedermodell beschreiben. Im Chlormethanmolekül sind drei Wasserstoffatome und ein Chloratom über Elektronenpaarbindungen an das zentrale Kohlenstoffatom gebunden. Der Winkel zwischen den vier Einfachbindungen beträgt jeweils 109,5°. Auch die anderen Chlorderivate des Methans lassen sich durch das Tetraedermodell veranschaulichen. ↑1

Im Chlormethanmolekül liegt eine polare Elektronenpaarbindung zwischen dem Chloratom und dem Kohlenstoffatom vor. Das bindende Elektronenpaar wird stärker vom Chloratom angezogen und zu diesem hin verschoben. ↑2 Deshalb trägt das Chloratom eine negative Teilladung (δ–). Das Kohlenstoffatom ist dagegen teilweise positiv elektrisch geladen (δ+).

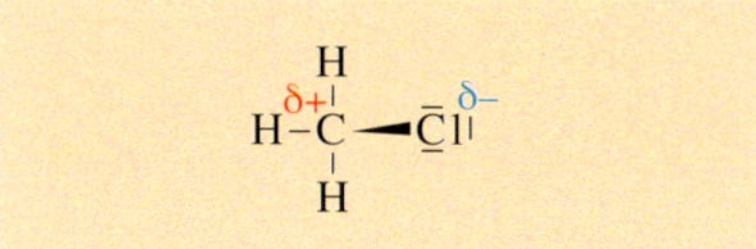

2 Polare Chlor-Kohlenstoff-Bindung im Chlormethanmolekül

Die Differenz der Elektronegativitätswerte von Kohlenstoff und Chlor beträgt $\Delta EN = 0{,}5$. ↑Tabelle Die Bindung zwischen dem Chloratom und dem Kohlenstoffatom im Chlormethanmolekül ist demnach nur schwach polar. Stark polar ist dagegen die Bindung zwischen Kohlenstoff und Fluor, dem Element mit dem größten Elektronegativitätswert. Die Bindung zwischen Kohlenstoff und Iod ist mit $\Delta EN = 0$ als unpolar zu bezeichnen.

In gleichem Maße nimmt die Bindungsstärke der Elektronenpaarbindungen mit den Elementen der VII. Hauptgruppe ab: Fluoralkane sind besonders stabile Verbindungen. Iodalkane werden dagegen bereits durch Licht und Luftfeuchtigkeit zersetzt.

Dipolmoleküle Chlormethanmoleküle oder Dichlormethanmoleküle sind Dipolmoleküle. Sie verfügen über zwei „Pole": den Schwerpunkt der negativen elektrischen Teilladungen und den Schwerpunkt der positiven elektrischen Teilladungen. ↑3 Deshalb bestehen zwischen den Molekülen elektrostatische Anziehungskräfte.

Auch Kohlenstoff-Wasserstoff-Bindungen sind schwach polar ($\Delta EN = 0{,}4$). Insofern weisen Methanmoleküle positive Teilladungen an den Wasserstoffatomen und eine negative Teilladung am Kohlenstoffatom auf. Dennoch aber sind Methanmoleküle keine Dipolmoleküle. Das Kohlenstoffatom ist im Zentrum eines Tetraeders an vier gleiche Atome gebunden. Deshalb fallen die Ladungsschwerpunkte zusammen.

Auch beispielsweise die Moleküle von Tetrafluormethan (CF_4) oder Tetrafluorethen (C_2F_4) weisen keine Dipole auf. Die einzelnen Fluor-Kohlenstoff-Bindungen sind zwar polar, die Schwerpunkte der Teilladungen fallen aber zusammen. Grundsätzlich liegen nur dann Dipolmoleküle vor, wenn die Schwerpunkte der Teilladungen nicht identisch sind.

Eigenschaften Halogenalkane haben andere Eigenschaften als die Alkane, aus denen sie entstanden sind. So haben sie höhere Siede- und Schmelztemperaturen sowie größere Dichten. Ursache hierfür sind zum einen die stärkeren Anziehungskräfte, die zwischen Dipolmolekülen wirken. Zum anderen steigt die molare Masse der Verbindungen durch Einführung von Halogenatomen deutlich.
Mit Ausnahme von Fluormethan und Fluorethan sind Halogenalkane als schwach polare oder unpolare Verbindungen nur sehr wenig in Wasser löslich. Sie sind dagegen in jedem Verhältnis mit Alkoholen und Alkanen mischbar und eignen sich hervorragend als Lösemittel für Fette, Wachse und Harze. Je mehr Wasserstoffatome in Halogenalkanmolekülen durch Halogenatome substituiert sind, desto geringer ist die Brennbarkeit der Halogenalkane.
Die meisten Fluoralkane sind sehr stabil und deshalb für den Menschen nicht giftig. Chlor- und Bromalkane sind gut fettlöslich und schädigen deshalb insbesondere das Nervensystem, die Leber und die Niere. Sie wirken narkotisch und entfetten die Haut. Dadurch kommt es zu Hautreizungen. Darüber hinaus gelten viele dieser Verbindungen als krebserregend. So sind mehr als ein Drittel der Substanzen, die durch Tierversuche als krebserzeugend oder krebsverdächtig eingestuft wurden, organische Chlorverbindungen. Eine ordnungsgemäße Entsorgung ist gerade zum Schutz der Trinkwasserversorgung wichtig.

Mit dem Dipolcharakter vieler Halogenkohlenwasserstoffe lassen sich Stoffeigenschaften wie die Schmelz- und Siedetemperaturen oder die Löslichkeiten der Halogenkohlenwasserstoffe erklären.

Nachweis Einen wichtigen Hinweis auf das Vorliegen von Halogenkohlenwasserstoffen liefert die **Beilstein-Probe.** ↑E.1 Dafür wird ein glühender Kupferdraht in eine kleine Substanzprobe getaucht und in die Brennerflamme gehalten. Tritt in der Flamme eine Grünfärbung auf, so sind in der organischen Verbindung in vielen Fällen Halogenatome gebunden. Die Durchführung des Experiments muss im Abzug erfolgen, da bei der Verbrennung von Halogenkohlenwasserstoffen giftige Dioxine entstehen können.
Als weitere Möglichkeit können Halogenalkane durch Reaktion mit Silbernitratlösung nachgewiesen werden. ↑E.2 Dafür wird eine kleine Probe der organischen Verbindung mit ethanolischer Silbernitratlösung versetzt und gut geschüttelt. Fällt ein weißer bis gelblicher Niederschlag aus, so ist dies als Hinweis auf das Vorliegen eines Halogenalkans zu werten.

Schmelz- und Siedetemperaturen

Name	Smt. in °C	Sdt. in °C
Methan	–182,5	–161,5
Fluormethan	–137,8	–78,4
Chlormethan	–97,2	–24,2
Tetrachlormethan	–22,9	+76,7

EXPERIMENT 1 [L]
Beilstein-Probe
Abzug!
Ein glühender Kupferdraht wird in eine kleine Probe der organischen Verbindung und dann in die nicht leuchtende Brennerflamme gehalten.

EXPERIMENT 2 [L]
Nachweis von Halogenalkanen
Abzug!
Eine kleine Probe der organischen Verbindung wird in einem Reagenzglas mit 1 ml ethanolischer 2%iger Silbernitratlösung (GHS 02/03/05/09) versetzt und geschüttelt.

Aufgaben

1 Vergleichen Sie die Polarität der Kohlenstoff-Brom-Bindung und der Kohlenstoff-Fluor-Bindung.
2 Überprüfen Sie, ob das Trichlormethanmolekül ein Dipolmolekül ist.
3 Zeigen Sie am Beispiel der Siedetemperaturen von Halogenalkanen Zusammenhänge zwischen Struktur und Eigenschaften auf.
4 Leiten Sie aus den Eigenschaften von Halogenalkanen Verwendungsmöglichkeiten ab.
5 Viele Insektizide sind halogenorganische Verbindungen. Erläutern Sie, auf welche Weise in einem Labor geprüft werden kann, ob es sich bei einem bestimmten Insektizid um einen Halogenkohlenwasserstoff handelt.

Radikalische Substitution

1 Reaktion von Heptan mit Brom

EXPERIMENT 3 [L]
Chemische Reaktion von Heptan mit Brom
Abzug!
Das sich in einem geschlossenen Gefäß befindende Gemisch aus Heptan (GHS 02/07/08/09) und Brom (GHS 05/06/09) wird intensiv beleuchtet. Nach einiger Zeit wird angefeuchtetes Universalindikatorpapier in das Gefäß gehalten.

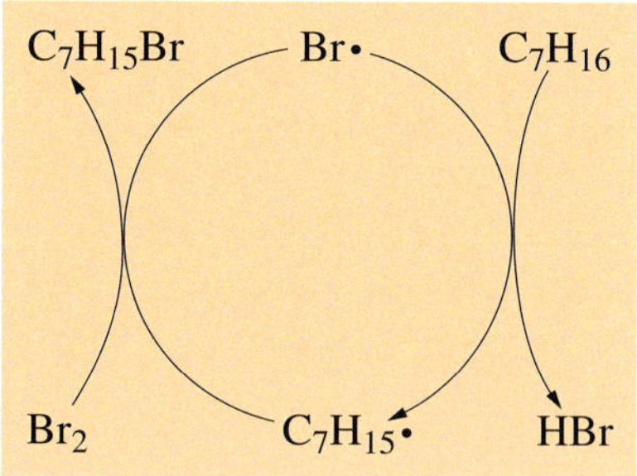

2 Ein Kreislauf, der immer wieder die Edukte Heptan und Brom aufnimmt und die Produkte Bromheptan und Bromwasserstoff abgibt …

Vom Alkan zum Halogenalkan In der chemischen Industrie werden Halogenalkane durch Reaktion von Alkanen mit Halogenen hergestellt. Die Reaktion kann auch als Demonstrationsversuch in der Schule durchgeführt werden. ↑E.3 Dafür wird ein Gemisch der Ausgangsstoffe, z. B. Heptan und Brom, intensiv beleuchtet. ↑1 Bei der Reaktion wird ein Wasserstoffatom des Alkans durch ein Bromatom ersetzt.

$$\text{Heptan (l)} + \text{Brom (g)} \xrightarrow{\text{Licht}} \text{Bromheptan (l)} + \text{Bromwasserstoff (g)}$$
$$C_7H_{16}\,(l) + Br_2\,(g) \longrightarrow C_7H_{15}Br\,(l) + HBr\,(g)$$

Es handelt sich bei dieser Reaktion um eine Substitution, die auch mit anderen Alkan-Halogen-Gemischen möglich ist und z. B. bei der Chlorierung von Methan genutzt wird.

Mechanismus der radikalischen Substitution Werden wie im Experiment einige Tropfen Brom zu Heptan gegeben, bleibt die braune Farbe des Broms zunächst erhalten. Erst bei Bestrahlung mit energiereichem Licht oder durch die Einwirkung von Wärme entfärbt sich die Lösung. Eine Erklärung dafür liefert der **Reaktionsmechanismus**. Er gibt genaueren Aufschluss über die Veränderung der Teilchen im Verlauf der chemischen Reaktion. Bei der Reaktion von Heptan mit Brom werden in einem ersten Schritt Brommoleküle gespalten. Dabei entstehen Bromatome mit einem ungepaarten Elektron.

$$|\overline{\underline{Br}}-\overline{\underline{Br}}| \xrightarrow{\text{Licht}} 2\,|\overline{\underline{Br}}\cdot \qquad \text{Kettenstart}$$

Teilchen mit ungepaarten Elektronen werden als **Radikale** (lat. radix – Wurzel, Ursprung) bezeichnet. Sie sind besonders reaktionsfähig, weil ihnen die Elektronenkonfiguration des stabilen Elektronenoktetts noch fehlt. Durch Spaltung der Brommoleküle in Bromradikale wird eine **Kettenreaktion** ausgelöst, in deren Verlauf immer wieder Radikale entstehen. Dieser erste Reaktionsschritt wird deshalb als Kettenstart bezeichnet. Im weiteren Verlauf der Reaktion greifen die Bromradikale Heptanmoleküle unter Abspaltung eines Wasserstoffatoms an. Das dabei entstehende Heptylradikal reagiert mit einem weiteren Brommolekül zu Bromheptan. Gleichzeitig entsteht erneut ein Bromradikal.

$$\left.\begin{array}{l} C_7H_{16} + Br\cdot \longrightarrow C_7H_{15}\cdot + HBr \\ C_7H_{15}\cdot + Br{-}Br \longrightarrow C_7H_{15}Br + Br\cdot \end{array}\right\} \text{Kettenfortsetzung}$$

Ist die beschriebene Reaktionsfolge erst einmal angestoßen, kann sie sich im Prinzip beliebig oft wiederholen, ohne dass ein weiteres Brommolekül fotolytisch oder thermisch gespalten werden muss. Die Kettenreaktion kann auch als Kreislaufschema dargestellt werden. ↑2
Die Kettenreaktion verläuft sehr schnell und wird erst durch Reaktion zweier Radikale abgebrochen. Die Reaktion zweier Radikale bezeichnet man als Kettenabbruch. ↑3 Im Reaktionsgemisch gibt es mehrere Möglichkeiten zur Rekombination von Radikalen:

$$\left.\begin{array}{lll} C_7H_{15}\cdot + Br\cdot & \longrightarrow & C_7H_{15}Br \\ Br\cdot + Br\cdot & \longrightarrow & Br_2 \\ C_7H_{15}\cdot + C_7H_{15}\cdot & \longrightarrow & C_{14}H_{30} \end{array}\right\} \text{Kettenabbruch}$$

Wie der Reaktionsmechanismus zeigt, werden bei dieser chemischen Reaktion Wasserstoffatome des Alkans durch Halogenradikale ersetzt. Die Reaktion wird folglich als **radikalische Substitution** bezeichnet.

Die radikalische Substitution ist eine Substitutionsreaktion, die als Kettenreaktion verläuft und durch Radikale möglich wird. Radikale sind reaktionsfähige Teilchen mit ungepaarten Elektronen.

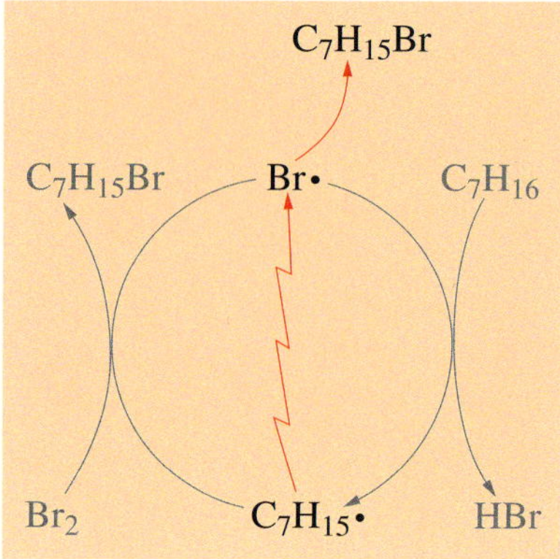

3 Der Kettenabbruch ist eine Art „Kurzschluss" im Kreislauf der Kettenreaktion.

Stufenweise Substitution Werden bei der technischen Chlorierung von Methan die Ausgangsstoffe Methan und Chlor in gleichen Stoffmengen eingesetzt, so erhält man als Reaktionsprodukt alle Chlorderivate des Methans nebeneinander. ↑4 Die Reaktion von Alkanen mit Halogenen endet also nicht nach Austausch eines Wasserstoffatoms durch ein Halogenatom. Vielmehr werden die Wasserstoffatome des Alkans **stufenweise** ersetzt. Dabei entstehen Gemische der verschiedenen Halogenderivate, die beispielsweise durch Destillation getrennt werden können.

Reaktionsprodukte bei der Chlorierung von Methan

Produkt	Chlor-methan	Dichlor-methan	Trichlor-methan	Tetrachlor-methan
Formel	CH_3Cl	CH_2Cl_2	$CHCl_3$	CCl_4
Anteil in %	23	43	28	6

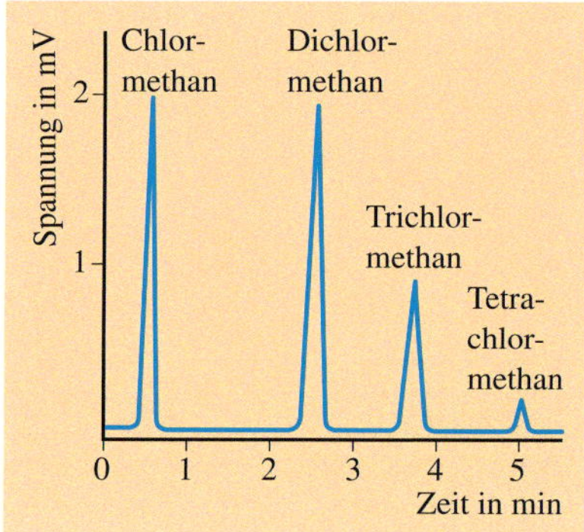

4 Gaschromatogramm der Reaktionsprodukte der stufenweisen Chlorierung von Methan

Herausforderungen bei der technischen Herstellung Die erste technische Chlorierung von Methan wurde in Deutschland im Jahr 1923 realisiert. Die stark exotherme Reaktion wird bei 400–450 °C und leicht erhöhtem Druck durchgeführt. Es handelt sich dabei um ein relativ einfaches und kostengünstiges Verfahren, bei dem jedoch zwei technische Probleme zu lösen sind. Besondere Anforderungen an die Reaktionsführung werden dadurch gestellt, dass die Reaktion bei zu hohen Temperaturen explosionsartig verlaufen kann. Um dies zu verhindern, muss die frei werdende Wärme kontinuierlich abgeführt werden. Da außerdem Salzsäure als Nebenprodukt bei der Chlorierung von Methan entsteht, müssen für die Apparatur besonders stabile, rostfreie Werkstoffe eingesetzt werden.

Aufgaben

1 Erläutern Sie den Mechanismus der radikalischen Substitution am Beispiel der Reaktion von Methan mit Chlor.

2 Erklären Sie, warum Hexan und Brom nach kurzzeitiger Beleuchtung auch im Dunkeln weiterreagieren.

3 Erklären Sie, warum für die gezielte Herstellung von Chlormethan in der Technik ein zehnfacher Überschuss an Methan eingesetzt wird.

4 Chemische Reaktionen lassen sich oft nicht ohne Weiteres in technische Verfahren umsetzen. Begründen Sie diese Aussage am Beispiel der Chlorierung von Methan.

Kontroversen um FCKW

1 Seit 1956 wird die Ozonschicht von der Polarstation Halley Bay aus überwacht.

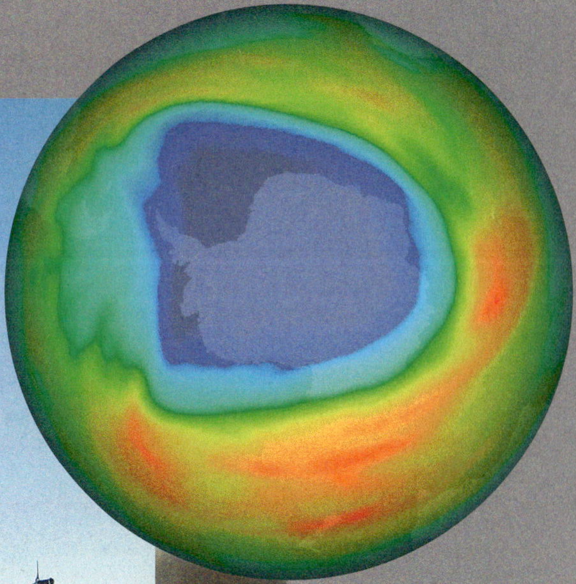

2 Schwächung der Ozonschicht über der Antarktis im Oktober 2009

Entdeckung des „Ozonlochs" Vor 25 Jahren berichteten britische Forscher erstmals von großen Ozonverlusten in der Stratosphäre über der Antarktis. Die Ozonschicht befindet sich in 15–35 km Höhe und schützt die Erdoberfläche vor harter UV-Strahlung. Bereits 1978 war der Forschergruppe um JOSEPH FARMAN bei Messungen in der Antarktisstation Halley Bay ↑1 aufgefallen, dass es von September bis November zu einem dramatischen Rückgang der Ozonkonzentration kommt. Als dies auch in den Folgejahren beobachtet wurde, traten sie 1985 mit ihren Ergebnissen an die Öffentlichkeit, wo schon bald der Begriff „Ozonloch" geprägt wurde. ↑2

Zerstörung der Ozonschicht durch FCKW Fluor-Chlor-Kohlenwasserstoffe wurden weltweit als Treibmittel in Spraydosen, als Kältemittel in Kühlschränken und Klimaanlagen und als Lösemittel eingesetzt. FCKWs sind sehr reaktionsträge und lösen sich schlecht in Wasser. Sie haben deshalb eine hohe Verweilzeit in der Atmosphäre und wandern im Lauf von etwa zwanzig Jahren bis in die Stratosphäre. Dort werden sie durch harte UV-Strahlung zersetzt und es entstehen reaktionsfähige Chlorradikale. Es beginnt eine Kettenreaktion, bei der bis zu 10 000 Ozonmoleküle durch ein einziges Chlorradikal zersetzt werden. ↑3

In den letzten Jahren wurden über der Antarktis Ozonverluste über 50 % beobachtet. Dabei erreichte das „Ozonloch" im Oktober 2006 eine maximale Ausdehnung von ca. 28 Millionen km^2, was etwa der Fläche Nordamerikas entspricht. Folge ist im Bereich der Antarktis eine messbare Verstärkung der UV-Strahlung auf der Erdoberfläche.

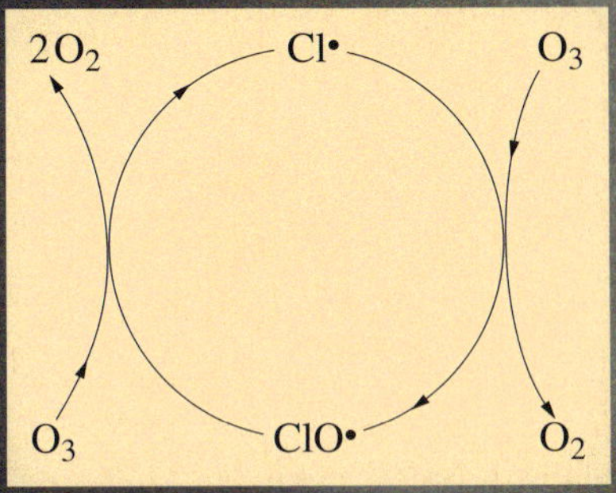

3 Ein Kreislauf, der immer wieder O_3 aufnimmt und nur O_2 abgibt …

Folgen erhöhter UV-Strahlung Beim Menschen führt erhöhte UV-Strahlung zu Erkrankungen. Besonders betroffen sind die Augen, die Haut und das Immunsystem. Bei fehlender UV-Schicht würden wir nach nur wenigen Stunden im Freien erblinden. Eine große Gefahr wird auch in der Erhöhung der Hautkrebsrate gesehen. Bei einer Abnahme der Ozonschicht um nur 5 % erwarten die USA jährlich bis zu 80 000 mehr Neuerkrankungen. ↑4

Die verstärkte UV-Strahlung beeinträchtigt auch das Wachstum von Pflanzen. Ernteeinbußen wären zu erwarten. Darüber hinaus erleiden Algen und Kleinstlebewesen im Meer massive Schädigungen. Dadurch wäre die Nahrungsgrundlage vieler Lebewesen bedroht.

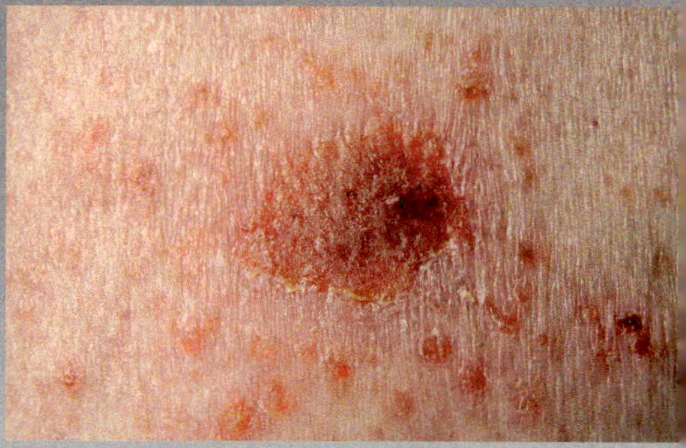

4 Hautkrebs kann die Folge erhöhter UV-Strahlung sein.

Auf der Suche nach Ersatzstoffen Mit dem Montrealer Protokoll beschloss die Weltgemeinschaft im Jahr 1987 einen stufenweisen Ausstieg aus der Produktion und Verwendung von FCKW. Bereits seit 1995 dürfen vollhalogenierte FCKWs in der Europäischen Union nicht mehr hergestellt werden und seit 2001 ist die Verwendung selbst in geschlossenen Stoffkreisläufen in der Industrie verboten.

Spraydosen werden deshalb inzwischen vor allem mit Propan und Butan als Treibgas betrieben. Das Gasgemisch lässt sich leicht verflüssigen, ist jedoch hochentzündlich. Auch in Kühlschränken und Klimaanlagen wird Butan als Kältemittel genutzt.

Daneben werden Fluorkohlenwasserstoffe wie Tetrafluorethan ($C_2H_2F_4$) verwendet. Dank der großen Stabilität der Fluor-Kohlenstoff-Bindung wird Tetrafluorethan selbst durch die harte UV-Strahlung in der Stratosphäre nicht zersetzt. Es hat demnach keine ozonzerstörende Wirkung, ist jedoch ein starkes Treibhausgas. Deshalb darf dieses Kältemittel in der EU ab 2011 nicht mehr für Klimaanlagen in Neuwagen verwendet werden.

Bei der Produktion von Flüssigkristall-Bildschirmen und Solarpanelen wird in großem Maße Stickstofftrifluorid (NF_3) anstelle von FCKW als Lösemittel genutzt. Auch diese Verbindung wirkt jedoch als starkes Treibhausgas.

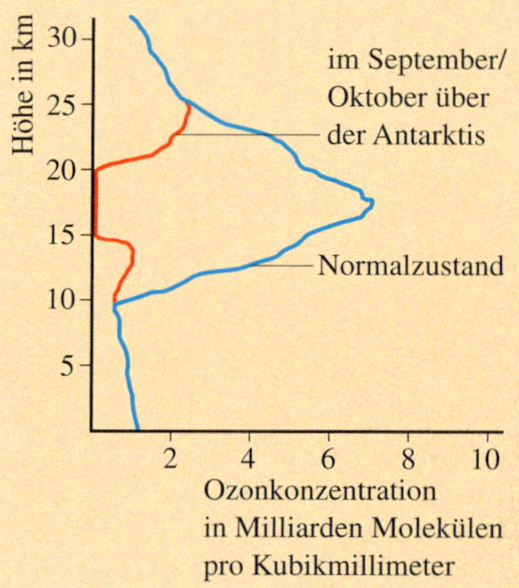

5 Über der Antarktis kommt es im dortigen Frühjahr seit etwa 1990 in Höhen von 15 bis 20 km meist zu einer kompletten Zerstörung des Ozons.

Arbeitsaufträge

1 „Ohne Ozon kein Leben!“ – Setzen Sie sich mit dieser Behauptung kritisch auseinander.

2 „Es wird noch Jahrzehnte dauern, ehe das bereits vorhandene Chlor wieder aus der Atmosphäre verschwindet“, heißt es immer wieder in den Medien. Begründen Sie diese Aussage.

3 Erkunden Sie, warum es gerade in der antarktischen Stratosphäre zu dramatischen Ozonverlusten kommt. Informieren Sie sich, ob ein ähnliches Phänomen auch auf der Nordhalbkugel beobachtet wird. Halten Sie dazu einen Kurzvortrag.

4 Bewerten Sie, ob geeignete Ersatzstoffe für FCKW gefunden wurden. Stellen Sie dafür Vor- und Nachteile der vorgestellten Ersatzstoffe gegenüber.

5 Informieren Sie sich, wie ein alter Kühlschrank fachgerecht entsorgt wird, und präsentieren Sie Ihre Ergebnisse als Poster.

Ungesättigte Kohlenwasserstoffe

Ethen Neben Ethan, Ethanol oder Brommethan gibt es noch weitere Kohlenwasserstoffe mit zwei Kohlenstoffatomen im Molekül. Ethen, auch Ethylen genannt, ein farbloses, leicht süßlich riechendes Gas, gehört z. B. auch dazu. Ethen ist brennbar und Ethen-Luft-Gemische sind explosiv. In Wasser ist Ethen fast unlöslich.

Ethen kommt in Erdöl und Erdgas nur in geringen Anteilen vor. Hergestellt wird es vor allem durch thermisches Cracken von Gasöl, das bei der Erdöldestillation im Überfluss anfällt. Beim Cracken entsteht ein Stoffgemisch, das sich durch Destillation trennen lässt. Dabei bereitet jedoch die Trennung von Ethen und Ethan gewisse Schwierigkeiten, da sich die Siedetemperaturen nur um 15 K unterscheiden. Mithilfe einer speziellen Destillationskolonne wird schließlich Ethen mit hoher Reinheit gewonnen. Das abgetrennte Ethan wird in den Crackreaktor zurückgeführt. Ethen ist ein wichtiger Grundstoff für die chemische Industrie. ↑1,2

1 Lebensmittelbox aus Polyethen (PE)

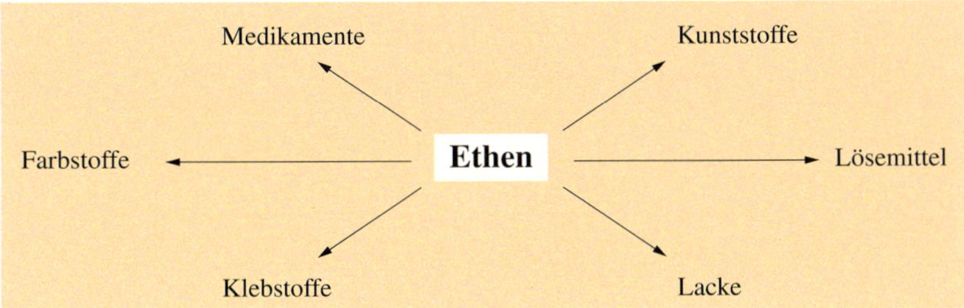

2 Ethen und Produkte, die daraus entstehen können

Struktur des Ethenmoleküls Ethen hat die Summenformel C_2H_4. Aus der Formel geht hervor, dass das Ethenmolekül zwei Wasserstoffatome weniger enthält als das Ethanmolekül. Jeweils zwei Wasserstoffatome sind durch Elektronenpaarbindung an ein Kohlenstoffatom gebunden. Der Zusammenhalt der beiden Kohlenstoffatome wird durch zwei bindende Elektronenpaare bewirkt. Im Ethenmolekül liegt zwischen den beiden Kohlenstoffatomen eine **Doppelbindung** vor. Alle Atome des Ethenmoleküls liegen in einer Ebene. Der Bindungswinkel H−C−H bzw. H−C−C beträgt jeweils 120°. ↑4

Durch das Vorliegen einer Doppelbindung zwischen den beiden Kohlenstoffatomen ist die Oktettregel für beide Atome erfüllt. Allerdings ist aufgrund der erhöhten Elektronendichte zwischen den beiden Kohlenstoffatomen die Bindungslänge der C=C-Doppelbindung im Vergleich mit der C−C-Einfachbindung um 20 pm geringer.

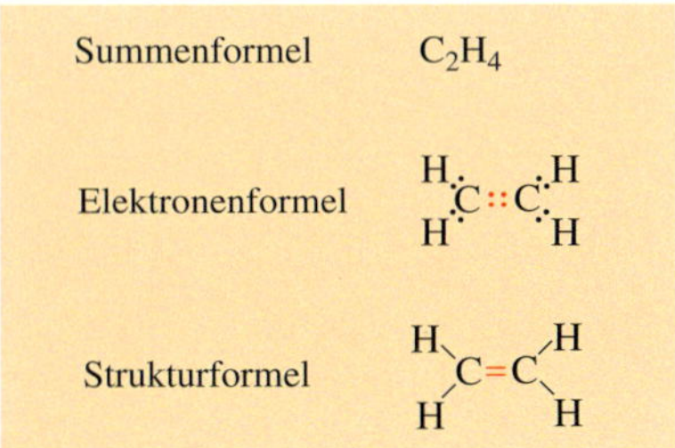

3 Formeln des Ethenmoleküls

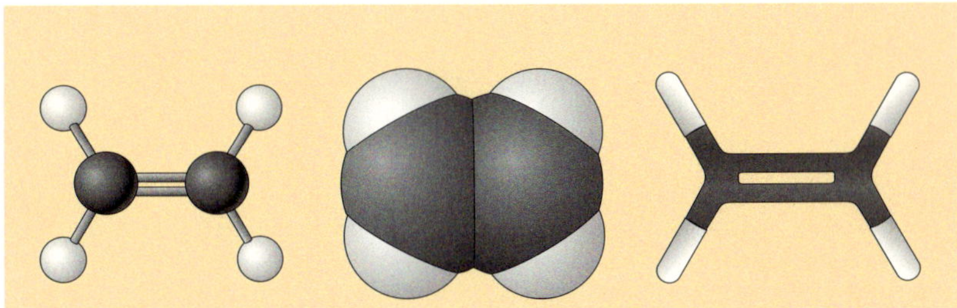

4 Modelle des Ethenmoleküls

Homologe Reihe der Alkene Neben dem Ethen gibt es noch weitere ähnlich aufgebaute organische Verbindungen mit einer Doppelbindung im Molekül, z. B. Propen (C_3H_6), Hepten (C_7H_{14}) oder Hexadecen ($C_{16}H_{32}$). Alle kettenförmigen Kohlenwasserstoffe, deren Moleküle eine Doppelbindung zwischen zwei Kohlenstoffatomen aufweisen, bilden die Stoffklasse der **Alkene**.
Die Alkene bilden wie die Alkane oder Alkanole eine homologe Reihe mit ähnlichen Molekülstrukturen und ähnlichen Eigenschaften. ↑S.61 Die Moleküle benachbarter Glieder der homologen Reihe unterscheiden sich jeweils um eine $-CH_2$-Gruppe. ↑Tabelle
Der Name des entsprechenden Alkens leitet sich vom Namen des jeweiligen Alkans mit der Endung **-en** ab, z. B. Ethen oder Propen.

Name	Summenformel	Strukturformel
Ethen	C_2H_4	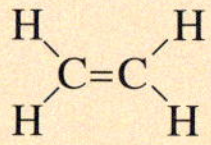
Propen	C_3H_6	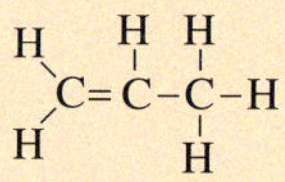
But-1-en	C_4H_8	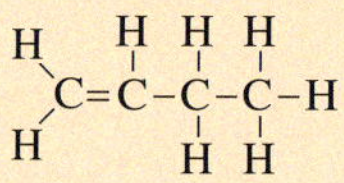
Pent-1-en	C_5H_{10}	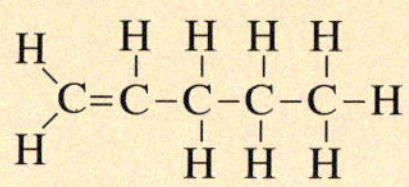

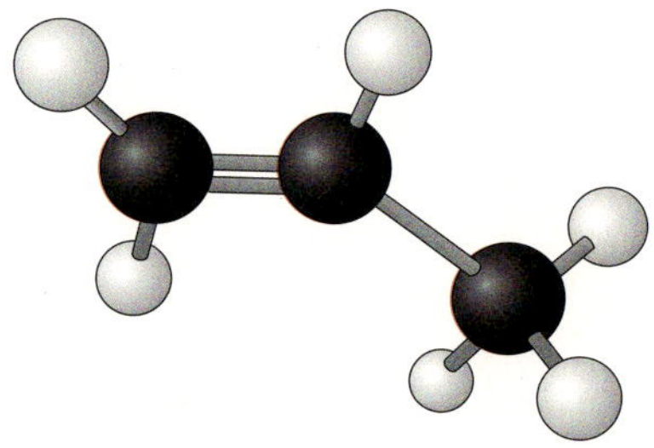

5 Strukturformel und Modell von Propen

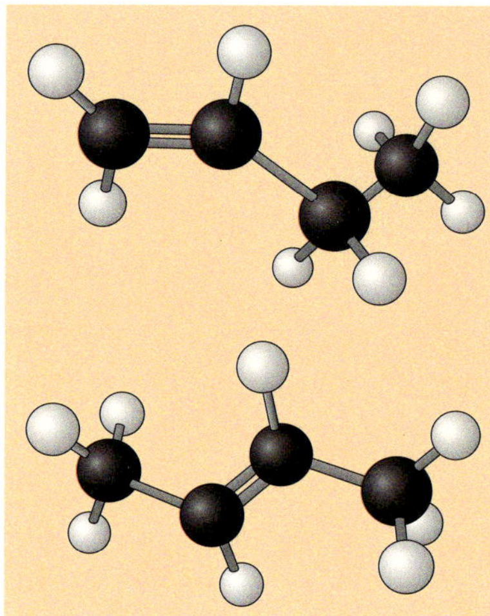

6 Modelle von But-1-en (oben) und But-2-en (unten)

Die Alkene haben die **allgemeine Summenformel C_nH_{2n}**. Sie gehören zu den **ungesättigten Kohlenwasserstoffen**, da ihre Moleküle nicht die maximal mögliche Anzahl an Wasserstoffatomen enthalten.
Bei Alkenen mit vier oder mehr Kohlenstoffatomen im Molekül kann sich die Doppelbindung an verschiedenen Stellen im Molekül befinden, sodass ihre Lage im systematischen Namen angegeben werden muss. Dazu nummeriert man die längste Kette aus Kohlenstoffatomen, in der sich die Doppelbindung befindet, so durch, dass die Lage der Doppelbindung durch die kleinstmögliche Zahl gekennzeichnet wird.

But-1-en $\overset{1}{C}H_2=\overset{2}{C}H-\overset{3}{C}H_2-\overset{4}{C}H_3$ bzw. $\overset{4}{C}H_3-\overset{3}{C}H_2-\overset{2}{C}H=\overset{1}{C}H_2$

But-2-en $\overset{1}{C}H_3-\overset{2}{C}H=\overset{3}{C}H-\overset{4}{C}H_3$

Alkene sind ungesättigte Kohlenwasserstoffe, deren Moleküle zwischen zwei Kohlenstoffatomen eine Doppelbindung enthalten. Sie bilden eine homologe Reihe. Alkene haben die allgemeine Summenformel C_nH_{2n}.

Name	Molare Masse in g/mol	Siedetemperatur in °C
Ethen	28	–103,9
Propen	42	–47,7
But-1-en	56	–6,5
Pent-1-en	70	+30,0
Hex-1-en	84	+63,5
Hept-1-en	98	+94,0
Oct-1-en	112	+122,5

Name	Molare Masse in g/mol	Schmelztemperatur in °C
Hexadec-1-en	224	+4,0
Heptadec-1-en	238	+10,7
Octadec-1-en	252	+18,0

1 Ethan (links) verbrennt mit heller Flamme, Ethen (rechts) mit stärker rußender Flamme.

Zusammenhang zwischen Struktur und Eigenschaften der Alkene Die Alkene haben ganz ähnliche physikalische Eigenschaften wie die Alkane. So steigen z. B. die Siede- und Schmelztemperaturen der Alkene in Abhängigkeit von ihrer Molekülgröße. Alkenmoleküle sind wie Alkanmoleküle unpolar. Zwischen den Alkenmolekülen herrschen im flüssigen und im festen Aggregatzustand Anziehungskräfte. Die Van-der-Waals-Kräfte müssen beim Schmelzen und Sieden eines Alkens durch Energiezufuhr überwunden werden. Die Stärke der Van-der-Waals-Kräfte hängt von der Größe der Moleküle und damit von ihrer molaren Masse ab.

Alkene sind mit Wasser nicht mischbar. Sie sind hydrophob. Alkene lösen sich aber gut untereinander und in unpolaren Lösemitteln wie z. B. in flüssigen Alkanen.

Alkene leiten den elektrischen Strom nicht. Sie enthalten wie die Alkane keine Ladungsträger, sondern nur ungeladene Moleküle. Alkenmoleküle sind aber im Vergleich zu Alkanmolekülen leicht polarisierbar. Lässt man z. B. Hexen aus einer Bürette auslaufen, so wird der Strahl durch einen elektrisch geladenen Stab angezogen.

Alkene verbrennen an der Luft mit leuchtender und stärker rußender Flamme als die Alkane. ↑1

Hinsichtlich ihres Reaktionsverhaltens gegenüber anderen Stoffen unterscheiden sich die Alkene jedoch deutlich von den Alkanen, was vor allem auf das charakteristische Strukturmerkmal der Alkenmoleküle, die Doppelbindung, zurückzuführen ist. ↑S.92

Isomerie bei Alkenen Auch Alkenmoleküle können Isomere bilden. So handelt es sich trotz der gleichen Summenformel C_4H_8 bei But-1-en und But-2-en um verschiedene Stoffe, um isomere Verbindungen, deren Moleküle sich in der Stellung der Doppelbindung unterscheiden. ↑6, S.89

Isomere Verbindungen haben unterschiedliche Eigenschaften. So ist z. B. die Siedetemperatur von But-2-en um über 7 K höher als die von But-1-en.

Außerdem ergeben sich bei den Alkenen wie bei den Alkanen mit mindestens vier Kohlenstoffatomen im Molekül unterschiedliche Verknüpfungsmöglichkeiten für die Kohlenstoffatome. Für die Summenformel C_4H_8 lassen sich zwei verschiedene Molekülstrukturen angeben: 2-Methylprop-1-en (Isobuten) ist eine isomere Verbindung des But-1-ens. ↑Tabelle

Isomere Butene		
Name	But-1-en	2-Methylprop-1-en
Formel	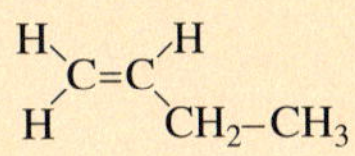	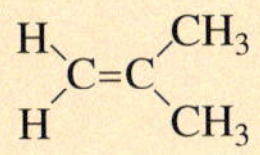
Schmelztemperatur in °C	–185	–140
Siedetemperatur in °C	–6	–7

Auch diese beiden Isomeriearten sind der **Konstitutionsisomerie** zuzuordnen, da die Isomere jeweils die gleiche Summenformel, aber eine unterschiedliche Struktur (Konstitution) besitzen.

Auch vom But-2-enmolekül gibt es zwei isomere Verbindungen, da die Substituenten an der Doppelbindung geometrisch unterschiedlich angeordnet sein können. Im But-2-enmolekül befindet sich an jedem Kohlenstoffatom der C=C-Doppelbindung eine Methylgruppe $-CH_3$. ↑6, S.89
Dabei können im But-2-enmolekül diese Methylgruppen entweder auf der gleichen Seite der Doppelbindung verknüpft sein oder sie stehen einander diagonal gegenüber. Die entsprechenden Verbindungen bezeichnet man als cis-But-2-en und trans-But-2-en (lat. cis – diesseits; trans – jenseits). Cis-trans-Isomermoleküle unterscheiden sich nicht in der Reihenfolge der Verknüpfung ihrer Atome, sondern nur in der räumlichen Anordnung der Atomgruppen, in ihrer **Konfiguration**. Daher nennt man diese Isomerieart auch **cis-trans-Isomerie (Konfigurationsisomerie)**. Cis-trans-Isomere unterscheiden sich in ihren Eigenschaften. ↑Tabelle

cis-trans-Isomere

cis-But-2-en

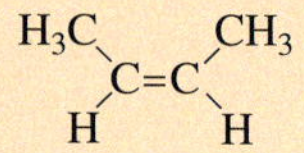

Schmelztemperatur in °C: –139
Siedetemperatur in °C: –4

trans-But-2-en

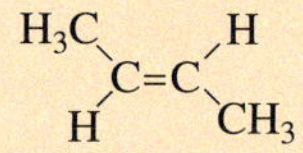

Schmelztemperatur in °C: –106
Siedetemperatur in °C: +1

Alkine Ungesättigte Kohlenwasserstoffe mit einer **Dreifachbindung** zwischen zwei Kohlenstoffatomen im Molekül heißen **Alkine**. Ihre **allgemeine Summenformel** ist $\mathbf{C_nH_{2n-2}}$. Die Namen der Alkine setzen sich aus dem Wortstamm und der Endsilbe **-in** zusammen. Auch hier wird bei längerkettigen Molekülen wie bei den Alkenen die Stellung der Dreifachbindung im Namen angegeben.

$HC{\equiv}CH$	$HC{\equiv}C{-}CH_3$	$HC{\equiv}C{-}CH_2{-}CH_3$	$HC{\equiv}C{-}CH_2{-}CH_2{-}CH_3$
Ethin	Propin	But-1-in	Pent-1-in

Alkine bilden ebenfalls eine homologe Reihe. **Ethin**, auch **Acetylen** genannt, ist die einfachste Verbindung der homologen Reihe. Ethin ist wie Ethen ein bedeutender Ausgangsstoff für die Herstellung vielfältiger organischer Produkte, wie z.B. von Polyvinylchlorid (PVC) oder Synthesekautschuk.
Das Ethinmolekül enthält nur zwei Wasserstoffatome. Ethin hat die Summenformel C_2H_2. Der Zusammenhalt der beiden Kohlenstoffatome wird durch drei gemeinsame Elektronenpaare (Dreifachbindung) bewirkt. Alle Atome des Ethinmoleküls liegen auf einer Geraden. Das Ethinmolekül ist linear gebaut. Der Bindungswinkel H–C–C bzw. C–C–H beträgt jeweils 180°. ↑2 Die Bindungslänge der C≡C-Dreifachbindung ist im Vergleich zur C=C-Doppelbindung um 14 pm geringer.
Die Dreifachbindung wie auch die Doppelbindung sind **Mehrfachbindungen**.

Summenformel	C_2H_2
Elektronenformel	H:C⋮⋮C:H
Strukturformel	$H{-}C{\equiv}C{-}H$

2 Formeln und Modell des Ethinmoleküls

Aufgaben

1 Vergleichen Sie den Bau der Moleküle von Ethen und Ethin. Stellen Sie dazu beide Strukturformeln auf.

2 Stellen Sie die Schmelz- und Siedetemperaturen der unverzweigten Alkane, Alkene und Alkine für ausgewählte Vertreter in einem Diagramm dar. Nutzen Sie dafür ein Tabellenwerk.

3 Formulieren Sie für die Stoffklasse der Alkine einen Merksatz.

4 Begründen Sie, ob es Isomerie bei Alkinen gibt.

5 Bilden Sie die Namen der folgenden ungesättigten Kohlenwasserstoffe:
a $CH_3{-}CH{=}CH{-}CH_2{-}CH_3$
b $CH_3{-}CH_2{-}C{\equiv}C{-}CH_3$
c $CH_3{-}CH_2{-}CH_2{-}CH_2{-}C{\equiv}C{-}CH_2{-}CH_3$
d $CH_3{-}CH_2{-}CH{=}CH{-}CH_2{-}CH_3$
e $CH_3{-}CH_2{-}CH_2{-}C{\equiv}C{-}CH_3$

6 Erläutern Sie am Beispiel von 1,2-Dichlorethen die cis-trans-Isomerie. Stellen Sie die Strukturformeln auf und benennen Sie die Stoffe.

Addition und Eliminierung

1 Reaktion von Ethen mit Brom

EXPERIMENT 4 [L]
Reaktion von Ethen mit Bromwasser
Abzug!
Ethen (GHS 02/07) wird mit 3%igem Bromwasser (GHS 06) versetzt und geschüttelt.

EXPERIMENT 5 [L]
Nachweis ungesättigter Kohlenwasserstoffe
Abzug!
10 Tropfen Petroleumbenzin (GHS 08) werden mit 3 Tropfen 3%igem Bromwasser (GHS 06) versetzt und geschüttelt.

Addition Ungesättigte Kohlenwasserstoffe sind reaktionsfähiger als gesättigte Kohlenwasserstoffe. Das zeigt sich z. B. bei der Reaktion mit Brom. Wird Bromdampf mit Ethen gemischt, entfärbt sich das Gemisch sehr schnell. Die beiden Gase bilden ein farbloses Reaktionsprodukt, das 1,2-Dibromethan. ↑1; E.4 Im Gegensatz zur Reaktion von Brom mit Alkanen ↑S.84 läuft die Reaktion auch im Dunkeln ab. Ähnlich wie Ethen verhalten sich auch andere ungesättigte Kohlenwasserstoffe. Da sich bei dieser Reaktion kein zweites Reaktionsprodukt bildet, müssen sich Ethenmoleküle und Brommoleküle direkt miteinander verbunden haben.
Was passiert mit den Teilchen bei dieser Reaktion?

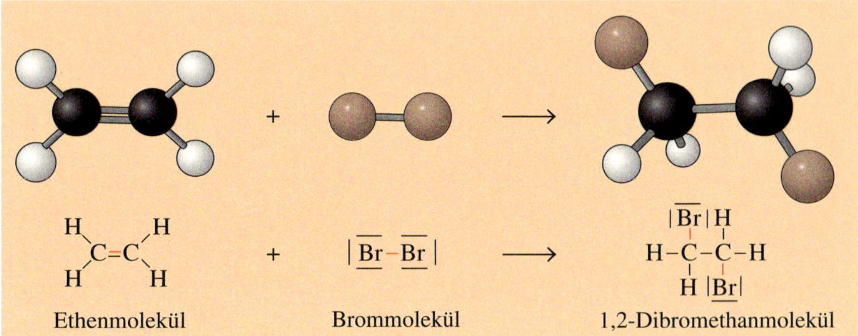

2 Teilchenmodell der Reaktion von Ethen mit Brom

Bei dieser Reaktion lagert sich das Brommolekül an die Kohlenstoffatome der Doppelbindung an. Ein Elektronenpaar der Doppelbindung und die Einfachbindung im Brommolekül werden gespalten. Die freien Bromatome lagern sich an die Kohlenstoffatome an und die Einfachbindungen zu den Bromatomen werden ausgebildet. Jedes Kohlenstoffatom im Ethenmolekül hat nun ein Bromatom gebunden.
Allgemein wird die Anlagerung von Atomen oder Atomgruppen an Moleküle mit Mehrfachbindungen als **Addition** bezeichnet.
Die Entfärbung einer wässrigen Bromlösung gelingt mit allen ungesättigten Kohlenwasserstoffen. Diese Reaktion wird deshalb zum **Nachweis** für ungesättigte Kohlenwasserstoffe genutzt. ↑E.5

Die Addition ist eine chemische Reaktion, bei der sich jeweils zwei Moleküle der Ausgangsstoffe zu einem Molekül des Reaktionsprodukts verbinden.

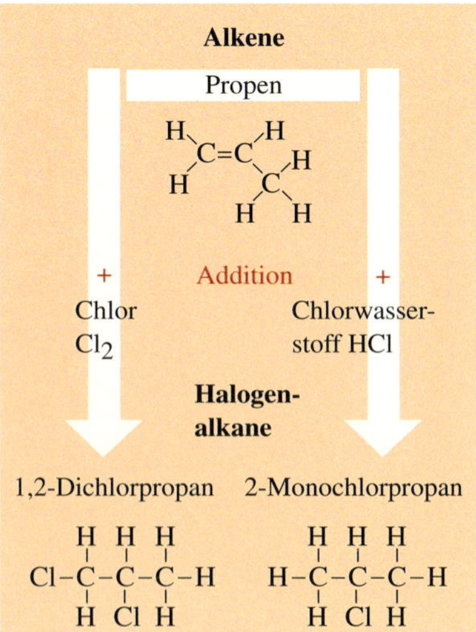

3 Additionsreaktionen mit Propen

Wird Wasserstoff an Ethen addiert, bildet sich Ethan. Diese Reaktion wird als **Hydrierung** bezeichnet. Dabei entsteht aus einem ungesättigten Kohlenwasserstoff ein gesättigter Kohlenwasserstoff. Durch Addition von Wasser an Alkene lassen sich Alkohole herstellen. ↑S.57

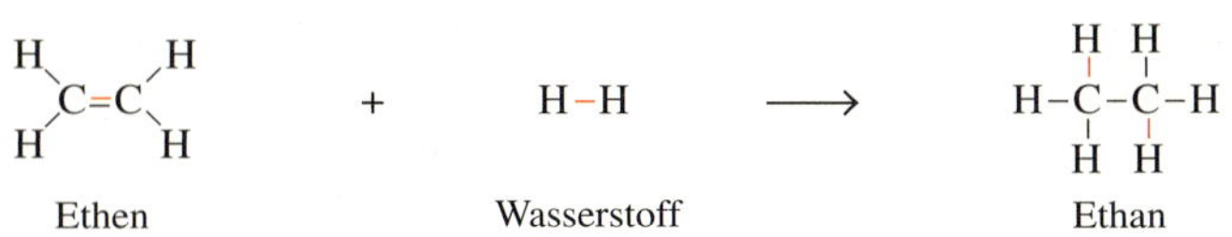

Reaktionen der Alkine Aufgrund der Dreifachbindung in den Molekülen der Alkine sind Additionsreaktionen möglich. Die Reaktion von Brom mit Ethin läuft allerdings langsamer ab als mit Ethen. ↑E.6 Das ist darauf zurückzuführen, dass die Dreifachbindung im Ethinmolekül etwas stabiler ist als die Doppelbindung im Ethenmolekül. Die Reaktion verläuft in zwei Schritten:

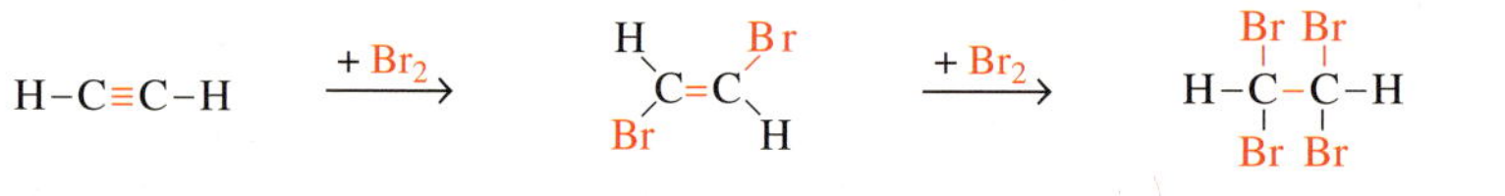

Ethin 1,2-Dibromethen 1,1,2,2-Tetrabromethan

Diese Reaktion kann zum Nachweis der Mehrfachbindung genutzt werden. ↑E.7
Als ungesättigter Kohlenwasserstoff kann Ethin auch hydriert werden. Diese chemische Reaktion lässt sich so steuern, dass Ethen oder Ethan entsteht.
Für die Herstellung des Kunststoffs Polyvinylchlorid (PVC) wird als Ausgangsstoff Chlorethen (Vinylchlorid) benötigt. Es kann durch Addition von Chlorwasserstoff an Ethin gewonnen werden.

Eliminierung Bei hohen Temperaturen lassen sich Additionsreaktionen umkehren. Dabei werden aus den Molekülen von gesättigten Kohlenwasserstoffverbindungen kleine Moleküle abgespalten. Solche Reaktionen bezeichnet man als **Eliminierungen.**
Durch Abspaltung von Wasserstoffatomen aus Molekülen von Alkanen mithilfe von Katalysatoren können Alkene hergestellt werden. Eine Eliminierung von Wasserstoff nennt man **Dehydrierung.**

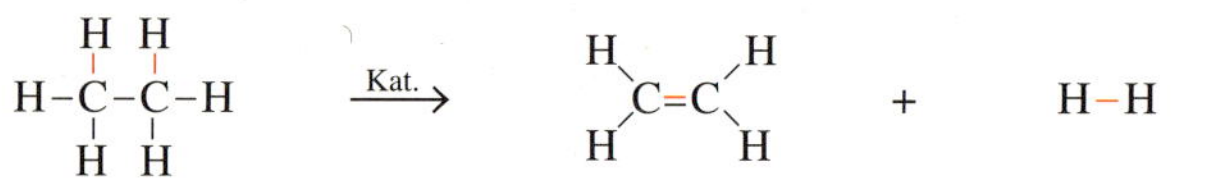

Ethan Ethen Wasserstoff

Auch aus den Molekülen von Halogenalkanen lassen sich Halogenatome wieder abspalten. Aus Bromethan erhält man so Ethen und Bromwasserstoff. ↑E.8

$$CH_3-CH_2Br \xrightarrow{Kat.} CH_2=CH_2 + HBr$$

Die Eliminierung ist eine chemische Reaktion, bei der aus je einem Molekül des Ausgangsstoffs zwei Atome oder Atomgruppen abgespalten werden.

EXPERIMENT 6 [L]
Reaktion von Ethin mit Bromwasser
Abzug!
Ein linsengroßes Stück Calciumcarbid (GHS 02) wird tropfenweise mit Wasser versetzt. Das entstehende Gas (GHS 02) wird pneumatisch aufgefangen und mit 3%igem Bromwasser (GHS 06) versetzt und geschüttelt.

EXPERIMENT 7 [L]
Nachweis der Mehrfachbindung
Abzug!
Hexin und Cyclohexan (GHS 02/07/08/09) werden mit 3%igem Bromwasser (GHS 06) auf Mehrfachbindungen in ihren Molekülen geprüft.

EXPERIMENT 8 [L]
Erhitzen von Bromethan
Abzug!
Bromethan (GHS 02/07/08) wird über kräftig erhitzte Glaswolle geleitet. Die entstehenden Gase (GHS 02/07) werden mit Universalindikator und mit 5%iger Silbernitratlösung (GHS 07) geprüft.

Aufgaben

1 Entwickeln Sie die Reaktionsgleichung für die Hydrierung von Buten. Bestimmen Sie die Reaktionsart und erläutern Sie diese.

2 Für die industrielle Herstellung von Propanol werden Propen und Wasser verwendet. Stellen Sie dafür die Reaktionsgleichung auf.

3 Propen kann aus Propan hergestellt werden. Beschreiben Sie diese chemische Reaktion und stellen Sie die Reaktionsgleichung auf.

4 Nennen Sie die Produkte, die bei der Eliminierung von Chlorheptan entstehen können. Entwickeln Sie die Reaktionsgleichung.

Komplex gedacht

1 Die US-amerikanische Luft- und Raumfahrtbehörde NASA stellt im Internet (Stichwort „Ozone Hole Watch“) aktuelle und historische Karten zur Ozonkonzentration in der Stratosphäre zur Verfügung.

a Dokumentieren Sie mithilfe dieser Karten die Entwicklung des Ozonlochs von September 1979 bis heute.

b Erklären Sie, warum das Ozonloch heute, Jahre nach dem vollständigen Verbot von FCKW, größer als im Jahr 1979 ist.

c Stellen Sie auf einem Zeitstrahl die historische Entwicklung von der Entdeckung des Ozonlochs bis heute dar. Tragen Sie hier auch wichtige politische Maßnahmen zur Reduktion der Produktion und Verwendung von FCKW ein.

d Berechnen Sie, ab welchem Jahr ein Rückgang des alljährlichen Ozonschwunds zu erwarten ist.

2 Vinylchlorid ist Ausgangsstoff für die Herstellung des Kunststoffs PVC.

a Erstellen Sie einen Steckbrief von Vinylchlorid.

b Entwickeln Sie die Reaktionsgleichung für die Herstellung von Vinylchlorid. Erläutern Sie den Reaktionsmechanismus.

c Charakterisieren Sie die Gefahren, die beim Transport von Vinylchlorid auftreten können.

1 Beim Transport von Vinylchlorid müssen Sicherheitsbestimmungen beachtet werden.

3 Propen ist wie Ethen ein wichtiger Grundstoff für die chemische Industrie.

a Informieren Sie sich über die Bedeutung von Propen. Stellen Sie Ihre Ergebnisse in einer Übersicht dar.

b Geben Sie Möglichkeiten für die Herstellung von Propen an. Entwickeln Sie dafür die Reaktionsgleichungen und bestimmen Sie die Reaktionsart.

c Großtechnisch fällt Propen als Spaltprodukt beim katalytischen Cracken von Schweröl an. Beschreiben Sie dieses Verfahren und geben Sie die Bedeutung des Katalysators an.

d Entwickeln Sie für das katalytische Cracken von Octadecan eine Reaktionsgleichung. Benennen Sie die möglichen Spaltprodukte.

e Propan-2-ol, das man z. B. in kosmetischen Präparaten findet, kann aus Propen hergestellt werden. Entwickeln Sie die Reaktionsgleichung und begründen Sie, warum diese Reaktion möglich ist.

2 Propen ist Ausgangsstoff für die Herstellung der Gehäuse von Autobatterien.

4 $CH_2{=}CH{-}CH{=}CH_2$ ist eine vereinfachte Strukturformel eines organischen Stoffes, der mit dem Stoff Neopren® in Beziehung steht.

a Benennen Sie den dargestellten Stoff. Überlegen Sie, welcher Stoffgruppe er aufgrund der Strukturmerkmale zugeordnet werden könnte.

b Recherchieren Sie im Internet über die Bedeutung dieses Stoffs. Finden Sie die bestehende Beziehung zwischen den Stoffen heraus. Stellen Sie Ihre Ergebnisse für einen Vortrag zusammen.

3 Tauchanzüge werden oft aus Neopren® hergestellt.

Auf einen Blick

Halogenalkane

Derivate der Alkane, deren Moleküle mindestens ein Halogenatom enthalten, z. B. Chlormethan CH_3Cl. Sie bilden eine homologe Reihe. In den Halogenalkanmolekülen liegt eine Elektronenpaarbindung zwischen dem Halogenatom und dem Kohlenstoffatom vor.

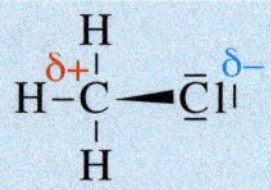

Beispiel: Polare Chlor-Kohlenstoffbindung im Chlormethanmolekül

Bildung von Halogenalkanen

Halogenalkane entstehen durch radikalische Substitution von Wasserstoffatomen des Alkans durch Halogenradikale.

Radikalische Substitution

Substitutionsreaktion, die als Kettenreaktion verläuft und durch Radikale möglich wird. Radikale sind reaktionsfähige Teilchen mit ungepaarten Elektronen.

Ungesättigte Kohlenwasserstoffe

Organische Stoffe, deren Moleküle zwischen zwei Kohlenstoffatomen eine Mehrfachbindung enthalten, z. B. Alkene C_nH_{2n} und Alkine C_nH_{2n-2}

cis-trans-Isomerie

Auftreten isomerer Verbindungen, in deren Molekülen die Atome bei gleicher Reihenfolge (Konstitution) unterschiedlich räumlich angeordnet sind. Cis-trans-Isomere unterscheiden sich in ihren Eigenschaften.
Beispiel:

cis-But-2-en

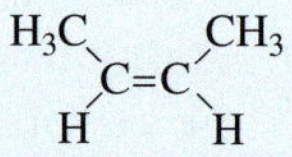

trans-But-2-en

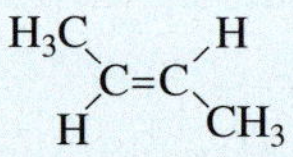

Kohlenwasserstoffe: Strukturmerkmale ihrer Moleküle und typische Reaktionen der Stoffe

Stoffe	Strukturmerkmal	Reaktion und Reaktionsgleichung	
Alkan	Einfachbindung	Substitution	$CH_3{-}CH_3 + Cl_2 \longrightarrow CH_3{-}CH_2Cl + HCl$
		Eliminierung	$CH_3{-}CH_3 \longrightarrow CH_2{=}CH_2 + H_2$
Alken	Doppelbindung	Addition	$CH_2{=}CH_2 + H_2 \longrightarrow CH_3{-}CH_3$
Alkin	Dreifachbindung	Addition	$CH{\equiv}CH + H_2 \longrightarrow CH_2{=}CH_2$

Check-up

1 Halogenalkane werden auch heute noch industriell genutzt.
a Belegen Sie diese Aussage mit zwei Beispielen.
b Begründen Sie, warum ihr Einsatz immer mehr eingeschränkt wird.
c Erläutern Sie, wie geprüft werden kann, ob ein Fleckenwasser Halogenalkane enthält.

2 Halogenkohlenwasserstoffe erfordern eine richtige Kennzeichnung.
a Zeichnen Sie die Strukturformel von 1-Brom-2-Chlorethan.
b Nennen Sie Isomere dieser Verbindung.
c Überprüfen Sie, ob der Name 1,1-Difluor-2-Chlorethan korrekt ist.
d Benennen Sie folgende Verbindung:

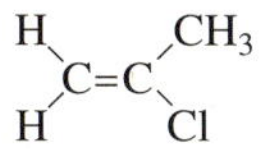

3 Die Struktur der Halogenkohlenwasserstoffe bestimmt die Eigenschaften der Stoffe.
a Vergleichen Sie die Eigenschaften von Chlormethan und Methan.
b Vergleichen Sie die Polarität der Kohlenstoff-Wasserstoff-Bindung und der Kohlenstoff-Chlor-Bindung.
c Prüfen Sie, ob Tribrommethanmoleküle Dipolmoleküle sind. Nutzen Sie das Tetraedermodell zur Veranschaulichung.

4 Halogenalkane werden durch Reaktion von Alkanen mit Halogenen hergestellt.
a Entwickeln Sie die Reaktionsgleichungen für die Reaktion von Ethan mit Brom.
b Erläutern Sie den Verlauf der radikalischen Substitution anhand dieses Beispiels.
c Erklären Sie, warum sich bei dieser Reaktion Indikatorpapier färbt.

5 Ethen ist ein wichtiger Grundstoff für die chemische Industrie.
a Nennen Sie Verwendungen von Ethen.
b Entwickeln Sie einen Steckbrief von Ethen.
c Beschreiben Sie den Bau des Ethenmoleküls anhand der Strukturformel.

6 Die Stoffgruppen der Alkene und Alkine bilden homologe Reihen.
a Erläutern Sie am Beispiel der Alkine den Begriff der homologen Reihe. Geben Sie Namen und vereinfachte Strukturformeln der ersten vier Glieder dieser Reihe an.
b Stellen Sie die Strukturformeln von folgenden Alkenen bzw. Alkinen auf und benennen Sie diese: C_6H_{10}, C_8H_{16}, C_9H_{16}, $C_{10}H_{20}$
c Weisen Sie am Beispiel der Glieder der homologen Reihe der Alkene den Zusammenhang zwischen Struktur und Eigenschaften nach.

7 Isomere Verbindung – ja oder nein?
a Auf den Etiketten von zwei Chemikalienflaschen ist zu lesen: Pent-1-en und 2-Methylbut-1-en. Entwickeln Sie die Strukturformeln der Stoffe.
b Entscheiden Sie, ob es sich um isomere Verbindungen handelt. Begründen Sie Ihre Aussage.
c Erläutern Sie den Begriff cis-trans-Isomerie am Beispiel von 1,2-Dibromethen.

8 Crackbenzin ist ein Stoffgemisch.
a Erläutern Sie, wie man prüfen könnte, ob im Crackbenzin ungesättigte Kohlenwasserstoffe enthalten sind. Entwickeln Sie die Reaktionsgleichung.
b Nennen Sie Unterschiede zwischen gesättigten und ungesättigten Kohlenwasserstoffen.

9 Hydrierung und Dehydrierung sind umkehrbare Reaktionen.
a Erläutern Sie die Begriffe Hydrierung und Dehydrierung.
b Entwickeln Sie für die folgenden Reaktionen die Reaktionsgleichungen und bestimmen Sie die Reaktionsart:
– Hydrierung von Pent-1-en
– Dehydrierung von Pentan

10 Additionsreaktionen sind typische Reaktionen für ungesättigte Kohlenwasserstoffe.
a Entwickeln Sie für die Addition von Iod an Hex-3-en die Reaktionsgleichung. Benennen Sie die Stoffe.
b Beschreiben Sie, was mit den Teilchen bei dieser Reaktion passiert.

→ Die Lösungen finden Sie im Anhang.

Aufgabe	Hilfen finden Sie auf Seite …
1	81, 83
2	80
3	82, 83
4	84, 85
5	88
6	89, 90, 91
7	90, 91
8	89, 91, 92, 93
9	92, 93
10	92

Übersicht über die Größenordnung von Gegenständen und Entfernungen, vom Atomkern bis zu Dimensionen im Weltall

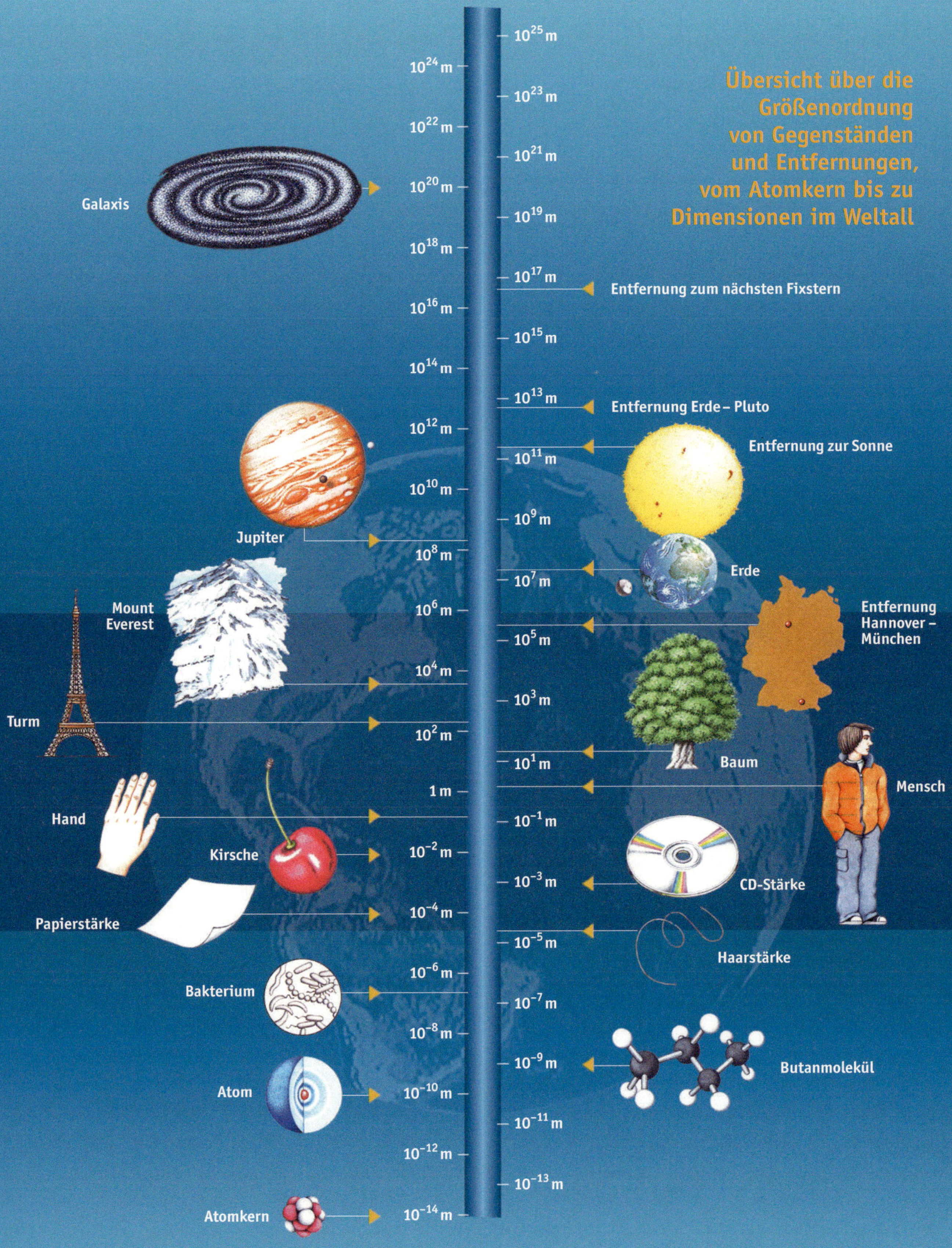

Musterlösungen

Wissenstest (Seite 6/7)

1 A
2 C, D
3 Chlorwasserstoff: C; Calciumbromid: D; Iod: A; Lithium: B; Wasser: C
4 B, D
5 B
6 C
7 B, D
8 D
9 B, C
10 A
11 A, C, D
12 A
13 B
14 C
15 D
16 A, C, D

Stoffe und Reaktionen – Bekanntes aus der Sekundarstufe I (Seite 14)

1 Ein Reinstoff besteht nur aus einer Stoffart, hat einheitlich gleichbleibende Eigenschaften und kann nicht weiter getrennt werden.
Ein Stoffgemisch besteht aus mindestens zwei Reinstoffen. Es hat keine einheitlich gleichbleibenden Eigenschaften und kann wieder in Reinstoffe getrennt werden.

2

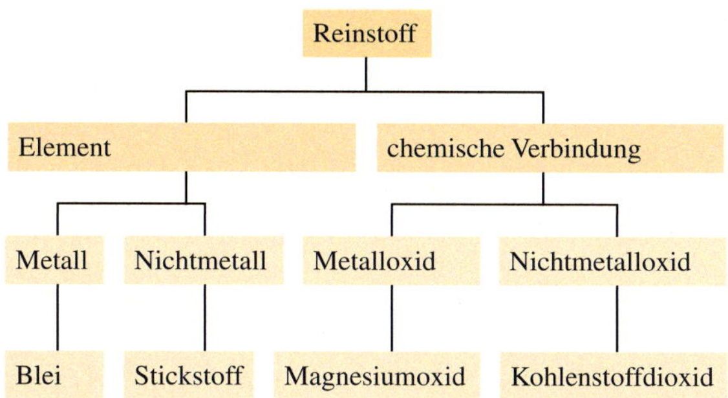

3 Kupfer und Silber leiten den elektrischen Strom aufgrund frei beweglicher Elektronen im Metall, die sich im elektrischen Feld gerichtet bewegen.
In den Lösungen von Kupferchlorid und Silbernitrat ist die elektrische Leitfähigkeit auf das Vorhandensein von frei beweglichen Ionen zurückzuführen. Die ungleichnamig geladenen Ionen können nur in Lösungen oder Schmelzen als Ladungsträger wirken, da sie nur dort frei beweglich sind.

4

Stoff	Art der Teilchen	Chemische Bindung	Anordnung der Teilchen
Natrium	elektrisch positiv geladene Natrium-Ionen und bewegliche elektrisch negativ geladene Elektronen (Elektronengas)	Metallbindung	Metallatome im Metallgitter
Natriumiodid	elektrisch positiv geladene Natrium-Ionen und elektrisch negativ geladene Iodid-Ionen	Ionenbindung	Ionen im Ionengitter

5 a) Schwefeldioxid ist als gasförmiger Stoff mit geringer Schmelz- und Siedetemperatur vermutlich eine Molekülverbindung, d. h. ein aus Molekülen aufgebauter Stoff. In den Molekülen liegt Elektronenpaarbindung vor.
b) Im Schwefeldioxidmolekül sind die zwei Sauerstoffatome an ein Schwefelatom gebunden.
c)

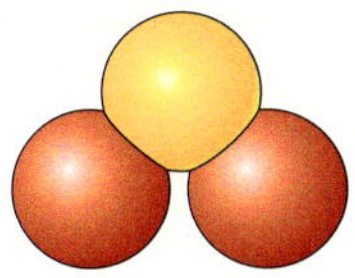

6 a) Kohlenstoff
b) Das Kohlenstoffatom ist vierbindig. Kohlenstoffatome verfügen über die Eigenschaft, sich durch Atombindung miteinander zu verbinden. So kann sich eine unbegrenzte Anzahl organischer Verbindungen bilden.
c) Kohlenstoffdioxid lässt sich mit Kalkwasser nachweisen. Dabei bildet sich Calciumcarbonat, ein weißes, schwer lösliches Salz.
Wasser kann mit weißgrauem Kupfersulfat, das mit Wasser zu blauem Kupfersulfat reagiert, nachgewiesen werden.

7 a) 2-Methylbutan

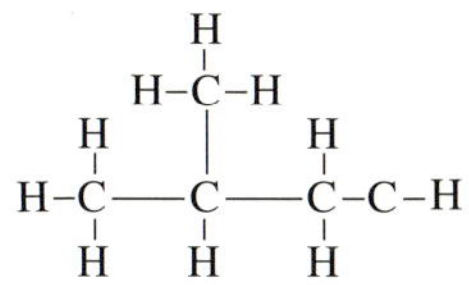

n-Pentan

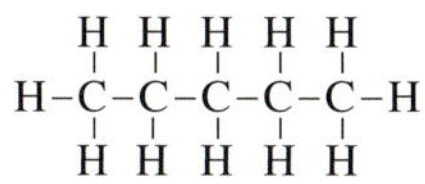

2,3-Dimethylnonan

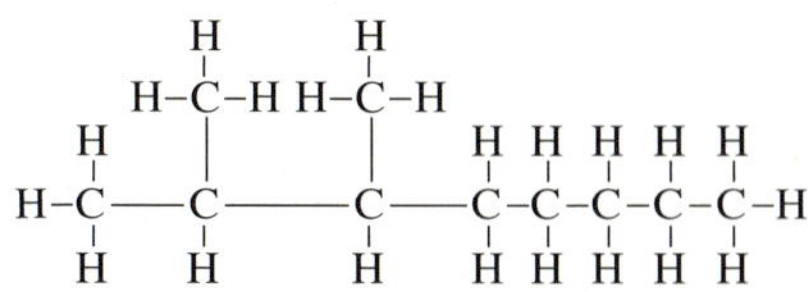

b) 2-Methylbutan: C_5H_{12}
n-Pentan: C_5H_{12}
2,3-Dimethylnonan $C_{11}H_{24}$
c) 4-Ethyl-2,2-dimethylhexan

8 a) $CO_2 + 2\,Mg \longrightarrow C + 2\,MgO$
b) Es handelt sich um eine Reaktion mit Sauerstoffübertragung (Redoxreaktion).
c) Oxidation: Magnesiumatome nehmen Sauerstoffteilchen auf.
Reduktion: Kohlenstoffdioxidmoleküle geben Sauerstoffteilchen ab.

9 Beispiel: Verbrennen von Eisen
Eisen reagiert mit Sauerstoff zu Eisenoxid.
Merkmale der chemischen Reaktion:
1. Chemische Reaktionen sind Stoffumwandlungen, bei denen neue Stoffe mit anderen Eigenschaften entstehen. Aus den Ausgangsstoffen Eisen (schwarz, fest) und Sauerstoff (farb- und geruchlos, gasförmig) entsteht Eisenoxid (schwarz, fest).
2. Chemische Reaktionen sind immer mit Energieumwandlungen verbunden. Ein Teil der chemischen Energie der Ausgangsstoffe wird in thermische Energie und Strahlungsenergie umgewandelt und als Wärme und Licht abgegeben. Eisen reagiert mit Sauerstoff in einer exothermen Reaktion unter Aufglühen und Wärmeentwicklung.
3. Bei einer chemischen Reaktion werden die Teilchen umgruppiert und verändert. Die Teilchen der Ausgangsstoffe Eisen und Sauerstoff verändern sich und gruppieren sich zu den Teilchen des Reaktionsprodukts Eisenoxid um.
Eisen (s) + Sauerstoff (g) ⟶ Eisenoxid (s) | exotherm
$4\,Fe\,(s) + 3\,O_2\,(g) \longrightarrow 2\,Fe_2O_3\,(s)$ | exotherm
Es handelt sich um eine Oxidation, weil Eisen mit Saurestoff reagiert.

10 Das Donator-Akzeptor-Prinzip liegt allen chemischen Reaktionen zugrunde, bei denen ein gegenseitiges Abgeben und Aufnehmen von Teilchen durch die reagierenden Stoffe stattfindet.
Bei der Reaktion von Chlorwasserstoff mit Wasser geben Chlorwasserstoffmolekülen jeweils ein Proton ab, es sind Protonendonatoren. Wassermoleküle nehmen jeweils ein Proton auf, es sind Protonenakzeptoren.
Insgesamt hat eine Protonenübertragung zwischen den Teilchen der reagierenden Stoffe stattgefunden.

11 Gesucht: ϱ(Speiseöl)
Gegeben: m(Speiseöl) = 18,4 g; V(Speiseöl) ml = 20 cm³

Lösung: $\varrho(\text{Speiseöl}) = \dfrac{m(\text{Olivenöl})}{V(\text{Olivenöl})}$

Lösung: $\varrho(\text{Speiseöl}) = \dfrac{18{,}4\,g}{20\,cm^3} = 0{,}92\,g \cdot cm^{-3}$

Ergebnis: Die Dichte des Speiseöls beträgt $0{,}92\,g \cdot cm^{-3}$.

12 Die Angabe 12,5 % Vol. bedeutet, dass der Volumenanteil des Alkohols im Rotwein 12,5 % beträgt, d. h., in 100 ml Rotwein sind 12,5 ml Alkohol gelöst.

13 Gesucht: $\beta(Ca^{2+})$
Gegeben: $m(Ca^{2+}) = 72{,}9\,mg$; $V(\text{Lösung}) = 1500\,ml = 1{,}5\,l$

Lösung: $\beta(Ca^{2+}) = \dfrac{m(Ca^{2+})}{V(\text{Lösung})} = 0{,}92\,g \cdot cm^{-3}$

Lösung: $\beta(Ca^{2+}) = \dfrac{72{,}9\,mg}{1{,}5\,l} = 48{,}6\,mg \cdot l^{-1}$

Ergebnis: Die Massenkonzentration an Calcium-Ionen beträgt $48{,}6\,mg \cdot l^{-1}$.

14 Gesucht: a) $m(Zn)$
b) $n(H_2)$
Gegeben: $V(H_2) = 1\,l$; $M(Zn) = 65{,}4\,g \cdot mol^{-1}$;
$V_m = 22{,}4\,l \cdot mol^{-1}$
Reaktionsgleichung:
$Zn\,(s) + 2\,HCl\,(aq) \longrightarrow H_2\,(g) + ZnCl_2\,(aq)$
Lösung:

a) $m(Zn) = \dfrac{n(Zn) \cdot M(Zn) \cdot V(H_2)}{n(H_2) \cdot V_m}$

$m(Zn) = \dfrac{1\,mol \cdot 65{,}4\,g \cdot mol^{-1} \cdot 1\,l}{1\,mol \cdot 22{,}4\,l \cdot mol^{-1}} = 2{,}92\,g$

b) $n(H_2) = \dfrac{V(H_2)}{V_m}$

$n(H_2) = \dfrac{1\,l}{22{,}4\,l \cdot mol^{-1}} = 0{,}045\,mol$

Ergebnis: Für die Herstellung von 1 l Wasserstoff durch Reaktion von Zink mit Salzsäure wird eine Masse von 2,92 g Zink benötigt. Der hergestellte Wasserstoff entspricht einer Stoffmenge von 0,045 mol.

15 a) $Ca\,(s) + 2\,HCl\,(aq) \longrightarrow H_2\,(g) + CaCl_2\,(aq)$
b) Gesucht: $V(H_2)$
Gegeben: $m(Ca) = 6\,g$; $M(Ca) = 40\,g \cdot mol^{-1}$
$V_m = 22{,}4\,l \cdot mol^{-1}$

Lösung: $n(Ca) = n(H_2)$

$n(Ca) = \dfrac{m(Ca)}{M(Ca)}$

$n(H_2) = \dfrac{V(H_2)}{V_m}$

$\dfrac{m(Ca)}{M(Ca)} = \dfrac{V(H_2)}{V_m}$

$V(H_2) = \dfrac{m(Ca) \cdot V_m}{M(Ca)}$

$V(H_2) = \dfrac{6\,g \cdot 22{,}4\,l \cdot mol^{-1}}{40\,g \cdot mol^{-1}} = 3{,}36\,l$

Ergebnis: Bei der Reaktion von 6 g Calcium mit Salzsäure bilden sich 3,36 l Wasserstoff.

Redoxreaktionen (Seite 50)

1 Die gute elektrische Leitfähigkeit und Wärmeleitfähigkeit resultieren aus den frei beweglichen Elektronen im Metallgitter. Die meist recht hohen Schmelz- und Siedetemperaturen ergeben sich aus der Anordnung der Metallatome in einem festen Metallgitter. Die gute Duktilität resultiert aus der Verschiebbarkeit der Schichten des Metallgitters zueinander.

2 Redoxreaktionen sind chemische Reaktionen, bei denen Oxidation und Reduktion gleichzeitig ablaufen, z. B.:

Oxidation:	$6\,I^-$	$\longrightarrow 3\,I_2 + 6\,e^-$
Reduktion:	$2\,Fe^{3+} + 6\,e^-$	$\longrightarrow 2\,Fe$
Redoxreaktion:	$2\,Fe^{3+} + 6\,I^-$	$\longrightarrow 2\,Fe + 3\,I_2$

3 Oxidation: $2\,I^- \longrightarrow I_2 + 2\,e^-$
Reduktion: $Cl_2 + 2\,e^- \longrightarrow 2\,Cl^-$

Redoxreaktion: $Cl_2 + 2\,I^- \longrightarrow 2\,Cl^- + I_2$
Das freigesetzte Iod reagiert mit der Stärke unter Blaufärbung. Chlor setzt Iod frei, da das Redoxpaar $2\,Cl^-/Cl_2$ ein größeres Oxidationsvermögen hat als das Redoxpaar $2\,I^-/I_2$.

4 a) Die Reaktion findet nicht statt, da Kupfer edler ist als Eisen und demzufolge keine Elektronen an Eisen abgibt.
b) Die Reaktion findet ebenfalls nicht statt, da Kupfer auch edler ist als Wasserstoff und somit auch keine Elektronen an Wasserstoff abgibt.

5
a) $\overset{\pm 0}{Cl_2} + 2\,\overset{-I}{Br^-} \longrightarrow 2\,\overset{-I}{Cl^-} + \overset{\pm 0}{Br_2}$

b) $\overset{+IV}{MnO_2} + 2\,\overset{-I}{Br^-} + 4\,H_3O^+ \longrightarrow \overset{+II}{Mn^{2+}} + \overset{\pm 0}{Br_2} + 6\,H_2O$

6 a) Ein Silberblech ragt in eine Silbernitratlösung, ein Zinkblech in eine Zinksulfatlösung. Beide Bleche sind elektrisch leitend verbunden. Zwischen den beiden Lösungen befindet sich ein Diaphragma.
b) Das Zinkblech bildet den Minuspol, da Zink ein relativ unedles Metall ist und recht leicht unter Elektronenabgabe Ionen bildet. Entsprechend bildet die Silberhalbzelle den Pluspol.
c) Oxidation: $Zn \longrightarrow Zn^{2+} + 2\,e^-$
Reduktion: $2\,Ag^+ + 2\,e^- \longrightarrow 2\,Ag$

Redoxreaktion: $2\,Ag^+ + Zn \longrightarrow 2\,Ag + Zn^{2+}$

7 Die begrenzte Lebensdauer resultiert aus irreversiblen Vorgängen, die parallel während der Lade- und Entladereaktionen auftreten. Das beim Entladevorgang gebildete Blei(II)-sulfat reagiert teilweise zu Blei(II)-oxid, das sich auf den Elektroden niederschlägt. Dies passiert, wenn der Akkumulator nicht vollständig aufgeladen ist, wodurch sich Leistung und Kapazität verringern. So besitzt ein Akkumulator nach 300 Lade- und Entladezyklen nur noch ca. 60 % seiner Anfangskapazität.

8 Der Hofmannsche Wasserzersetzer ist eine Apparatur zur Elektrolyse von Wasser. Dabei entstehen die Elemente Wasserstoff und Sauerstoff:
$2\,H_2O \longrightarrow 2\,H_2 + O_2$
Die Verbindung Wasser wird also in ihre Bestandteile, die chemischen Elemente Wasserstoff und Sauerstoff zerlegt.

9 a) Kupferchlorid besteht in Lösung aus Kupfer-Ionen (Cu^{2+}) und Chlorid-Ionen (Cl^-). Die positiv geladenen Kupfer-Ionen können Elektronen aufnehmen und werden daher reduziert. Die negativ geladenen Chlorid-Ionen hingegen können Elektronen abgeben und werden daher oxidiert.
b) Oxidation: $2\,Cl^- \longrightarrow Cl_2 + 2\,e^-$
Reduktion: $Cu^{2+} + 2\,e^- \longrightarrow Cu$
Die Kathode ist laut Definition der Ort, an dem eine Reduktion stattfindet. Daher ist die Elektrode, an der sich das Kupfer abscheidet, die Kathode. Umgekehrt ist die Anode als Ort der Oxidation definiert; an ihr bildet sich in diesem Beispiel Chlor.

10 a) Oxidationsmittel liegen in ihrer oxidierten Form vor. Um sie herzustellen, muss ihre reduzierte Form in einer Redoxreaktion oxidiert werden. Beim Chlor bedeutet dies, dass Chlorid-Ionen von einem noch stärkeren Oxidationsmittel oxidiert werden müssen, als es Chlor selbst ist. Da Chlor selbst ein starkes Oxidationsmittel darstellt, existiert nur eine sehr kleine Auswahl an Substanzen, die dazu in der Lage sind.
b) Bei der Chlor-Alkali-Elektrolyse entsteht an der Anode durch Oxidation von Chlorid-Ionen Chlor. Da Chlor ein starkes Oxidationsmittel ist, würde es mit dem Reduktionsmittel Eisen reagieren und somit die Elektrode nach und nach auflösen:
$Cl_2 + Fe \longrightarrow FeCl_2$
c) Natrium ist ein sehr unedles Metall und reagiert mit Wasser sofort zu Wasserstoff und Natriumhydroxid. Die Elektrolyse einer Natriumchloridlösung ergibt daher „automatisch" Wasserstoff und Natronlauge statt Natrium.

11 Aluminium wird aus Bauxit hergestellt, das einen beträchtlichen Eisenanteil enthält. Die Gewinnung von reinem Aluminiumoxid durch das Abtrennen des Eisenoxids ist aufwendig und energieintensiv. Danach muss das Aluminiumoxid durch Elektrolyse zerlegt werden; dazu wird sehr viel elektrische Energie verwendet, die im Vergleich zu chemischer Energie in Form von Kohle ausgesprochen teuer ist. Hinzu kommen Kosten für die Kohleelektroden und die Bereitstellung des Kryoliths.

Ethanol und Alkanole (Seite 78)

1 a) Verwendung als Lösemittel in Laboren, in der Kosmetik, in der Industrie, bei der Arzneimittelherstellung und im Haushalt, Verwendung in alkoholischen Getränken, als Kraftstoff und als Kraftstoffzusatz
b) – Verwendung als Kraftstoff: brennbar
– Verwendung als Lösemittel: gut mit Wasser, aber auch mit unpolaren Stoffen mischbar
– Verwendung als Trinkalkohol: angenehmer Geschmack in alkoholischen Getränken

2 a) Zuckerhaltige Lösungen (z. B. Fruchtsäfte) werden in Gärgefäße gegeben und unter Luftabschluss vergoren. Enzyme wirken dabei als Biokatalysatoren.
b) Enzyme
$C_6H_{12}O_6\,(aq) \longrightarrow 2\,C_2H_5OH\,(l) + 2\,CO_2\,(g)$
c) In beiden Reaktionen katalysieren die Enzyme die ablaufende Reaktion. Diese verlaufen dadurch schneller oder werden überhaupt erst möglich.
Alkoholische Gärung: Reaktion von Zuckerlösungen (Glucose) unter Luftabschluss zu Ethanol und Kohlenstoffdioxid unter Einfluss von Hefeenzymen.
Essiggärung: Reaktion von Ethanol mit Sauerstoff zu Essigsäure und Wasser unter Einfluss verschiedener Enzyme, z. B. von Acetobacter.
Eigentlich verstand man früher unter Gärung anaerobe Prozesse, z. B. die alkoholische Gärung. Prozesse in Gegenwart von Sauerstoff wurden als Atmung bezeichnet. Trotzdem verwendet man nach wie vor den Begriff Essiggärung.
d) Durch Gärung hergestellter Alkohol kann max. 18 % Ethanol enthalten, da bei einer höheren Konzentration die Hefebakterien absterben.

3 a) Regelmäßiger Alkoholkonsum kann zu Abhängigkeit führen. Die Nervenzellen reagieren bei regelmäßiger Alkoholaufnahme mit der Bildung zusätzlicher Rezeptoren. Außerdem erhöht sich die Geschwindigkeit des Alkoholabbaus in der Leber. Die Toleranz gegenüber Alkohol steigt erheblich. Der Körper benötigt bald mehr Alkohol als früher, um die gleiche Wirkung zu erreichen. Das kann unbewusst zu einer psychischen Abhängigkeit führen, die in eine physische Abhängigkeit übergeht. Der Mensch ist dann süchtig nach Alkohol, er ist alkoholkrank.
b) Kurzfristig: angenehmes Gefühl, Erregtheit mit aufsteigender Hitze, Gesichtsrötung, Verminderung der Selbsteinschätzung und Gefahr der Selbstüberschätzung, Störung der Motorik und Einschränkung des Gesichtsfelds;
Langfristig: Störung des Gleichgewichtssinns, Verminderung

der Konzentrations- und Merkfähigkeit, Zerstörung von Gehirnzellen, Schädigung von Nervenbahnen, Erhöhung der Hauttemperatur und damit Möglichkeit der Auskühlung, Gefäßerweiterungen, Herzprobleme und erhöhter Blutdruck, Fettleber und Leberzirrhose, Schädigungen der Magenschleimhaut, Magengeschwüre, Nierenschädigung;
Besonders gefährlich ist Alkohol für die Entwicklung der Embryonen im Mutterleib sowie für Kinder und Jugendliche, deren körperliche und geistige Entwicklung stark beeinträchtigt werden können.

4 a) Kurzkettige Alkanole, z. B. Methanol CH_3OH, Ethanol C_2H_5OH und Propan-1-ol C_3H_7OH lösen sich gut in Wasser. Langkettige Alkanole, z. B. Octanol $C_8H_{17}OH$ und Decanol $C_{10}H_{21}OH$, lösen sich sehr gut in flüssigen Alkanen.
Ethanol und Propan-1-ol lösen sich relativ gut in Wasser und in flüssigen Alkanen.
b) Bei kurzkettigen Alkanolen überwiegt der Einfluss der polaren Hydroxygruppe, deshalb lösen sie sich gut in polaren Stoffen und schlecht in unpolaren Stoffen.
Bei langkettigen Alkanolen überwiegt der Einfluss des unpolaren Alkylrests, deshalb lösen sie sich gut in unpolaren Stoffen und schlecht in polaren Stoffen
Bei Ethanol und Propan-1-ol sind polare Hydroxygruppe und relativ kurzkettiger Alkylrest für die Löslichkeit von Bedeutung. Deshalb lösen sie sich gut in polaren Stoffen und in unpolaren Stoffen.

5 a) $CH_3–CH_2–OH \longrightarrow CH_3–CHO + H_2$
b) Dehydrierung ist eine chemische Reaktion, bei der aus einem Molekül des Ausgangsstoffs mindestens ein Molekül Wasserstoff abgespalten wird. Dabei entstehen mindestens zwei Reaktionsprodukte.
Hier wird aus einem Molekül Ethanol ein Molekül Wasserstoff abgespalten. Als weiteres Produkt entsteht ein Molekül Ethanal.
c) Gesucht: $m(CH_3CHO)$; $V(H_2)$
Gegeben: $m\,(CH_3CH_2OH) = 100\,g$;
$M(CH_3CH_2OH) = 46\,g \cdot mol^{-1}$;
$M(CH_3CHO) = 44\,g \cdot mol^{-1}$;
$V_m = 22{,}4\,l \cdot mol^{-1}$
Lösung: $n(CH_3CHO) = n(CH_3CH_2OH)$

$$n(CH_3CHO) = \frac{m(CH_3CHO)}{M(CH_3CHO)}$$

$$n(CH_3CH_2OH) = \frac{m(CH_3CH_2OH)}{M(CH_3CH_2OH)}$$

$$\frac{m(CH_3CHO)}{M(CH_3CHO)} = \frac{m(CH_3CH_2OH)}{M(CH_3CH_2OH)}$$

$$m(CH_3CHO) = \frac{m(CH_3CH_2OH) \cdot M(CH_3CHO)}{M(CH_3CH_2OH)}$$

$$m(CH_3CHO) = \frac{100\,g \cdot 44\,g \cdot mol^{-1}}{46\,g \cdot mol^{-1}}$$

$$m(CH_3CHO) = 95{,}7\,g$$

$$n(CH_3CH_2OH) = n(H_2)$$

$$n(CH_3CH_2OH) = \frac{m(CH_3CH_2OH)}{M(CH_3CH_2OH)}$$

$$n(H_2) = \frac{V(H_2)}{V_m}$$

$$V(H_2) = \frac{m(CH_3CH_2OH) \cdot V_m}{M(CH_3CH_2OH)}$$

$$V(H_2) = \frac{100\,g \cdot 22{,}4\,l \cdot mol^{-1}}{46\,g \cdot mol^{-1}}$$

$$V(H_2) = 48{,}7\,l$$

Ergebnis: Bei der vollständigen Dehydrierung von 100 g Ethanol bilden sich 95,7 g Ethanal und 48,7 l Wasserstoff.

6 a) CH_3-OH, CH_3-CH_2-OH, $CH_3-CH_2-CH_2-OH$, $CH_3-CH_2-CH_2-CH_2-OH$
Methanol, Ethanol, Propan-1-ol, Butan-1-ol
$H-CHO$, CH_3-CHO, CH_3-CH_2-CHO, $CH_3-CH_2-CH_2-CHO$
Methanal, Ethanal, Propanal, Butanal
$H-COOH$, CH_3-COOH, CH_3-CH_2-COOH, $CH_3-CH_2-CH_2-COOH$
Methansäure, Ethansäure, Propansäure, Butansäure
b) Eine homologe Reihe ist eine Reihe ähnlicher organischer Verbindungen, bei denen sich die Moleküle der aufeinanderfolgenden Glieder jeweils um eine CH_2-Gruppe unterscheiden. Ihre chemischen Eigenschaften stimmen infolge übereinstimmender Strukturmerkmale weitgehend überein.
Die Alkanole haben übereinstimmende Strukturmerkmale: kettenförmig, Kohlenstoff-Kohlenstoff-Einfachbindungen, eine Hydroxygruppe im Molekül. Die Glieder der homologen Reihe der Alkanole unterscheiden sich jeweils um eine CH_2-Gruppe. Die chemischen Eigenschaften stimmen weitgehend überein: brennbar, können dehydriert werden, reagieren mit Säuren.
c) Alle Glieder haben eine Hydroxygruppe im Molekül: Alkanole reagieren deshalb mit Natrium zu Alkanolaten und Wasserstoff und mit Säuren zu Estern.
Hydroxygruppe bewirkt Polarität: Dadurch gibt es Wasserstoffbrücken zwischen den Molekülen, die höhere Siedetemperaturen im Vergleich zu den Alkanen bewirken.
Bei längerkettigen Alkanolen überwiegt der Einfluss der unpolaren Alkylreste: Deshalb sind kurzkettige Alkanole gut in polaren Stoffen löslich, langkettige dagegen gut in unpolaren. Durch Zunahme der Kettenlänge ändert sich der Aggregatzustand der Glieder von dünnflüssig über ölig zu fest (ab $C_{12}H_{25}OH$).

7 a) Propansäure, Propanon (Aceton), Propan-1-ol, Butanal
b) Propansäure: 3 Kohlenstoffatome, nur C-C-Einfachbindungen, eine Carboxygruppe ⟶ Alkansäure
Propanon: 3 Kohlenstoffatome, nur C-C-Einfachbindungen, eine Ketogruppe ⟶ Alkanon
Propan-1-ol: 3 Kohlenstoffatome, nur C-C-Einfachbindungen, eine Hydroxygruppe ⟶ Alkanol
Butanal: 4 Kohlenstoffatome, nur C-C-Einfachbindungen, eine Aldehydgruppe ⟶ Alkanal

8 a) Stufenweise Oxidation von Ethanol:
Ethanol + Sauerstoff ⟶ Ethanal + Wasser

$$2\,\overset{-I}{C}H_3–CH_2–OH + \overset{\pm 0}{O}_2 \longrightarrow 2\,CH_3–\overset{+I}{C}HO + 2\,H_2\overset{-II}{O}$$

Ethanal + Sauerstoff ⟶ Ethansäure

$$2\,CH_3–\overset{+I}{C}HO + \overset{\pm 0}{O}_2 \longrightarrow 2\,CH_3–\overset{+III}{C}\overset{-II}{O}OH$$

Ethansäure + Sauerstoff ⟶ Kohlenstoffdioxid + Wasser

$\overset{+III}{CH_3}\text{–COOH} + 2\,\overset{\pm 0}{O_2} \longrightarrow 2\,\overset{+IV}{C}O_2 + 2\,H_2\overset{-II}{O}$

b) Bei Teilchen der reagierenden Stoffe ändern sich die Oxidationszahlen (bei Kohlenstoffteilchen Erhöhung und bei Sauerstoffteilchen Erniedrigung der Oxidationszahlen). Daraus folgt, dass es sich um Redoxreaktionen handelt.

c) Gesucht: $m(CH_3COOH)$; $V(CO_2)$

Gegeben: $V(C_2H_5OH) = 100\,ml$;
$M(C_2H_5OH) = 46\,g \cdot mol^{-1}$;
$\varrho(C_2H_5OH) = 0{,}79\,g \cdot ml^{-1}$;
$M(CH_3CHO) = 44\,g \cdot mol^{-1}$;
$M(CH_3COOH) = 60\,g \cdot mol^{-1}$;
$V_m = 22{,}4\,l \cdot mol^{-1}$

Lösungen: Fasst man die Reaktionen zusammen, ergibt 1 mol Ethanol 1 mol Ethansäure und daraus entstehen schließlich 2 mol Kohlenstoffdioxid.

$$n(C_2H_5OH) = \frac{m(C_2H_5OH)}{M(C_2H_5OH)}$$

$$n(C_2H_5OH) = \frac{V(C_2H_5OH) \cdot \varrho(C_2H_5OH)}{M(C_2H_5OH)}$$

$$n(C_2H_5OH) = \frac{100\,ml \cdot 0{,}79\,g \cdot ml^{-1}}{46\,g \cdot mol^{-1}} = 1{,}717\,mol$$

$$m(CH_3COOH) = n(CH_3COOH) \cdot M(CH_3COOH)$$

$$m(CH_3COOH) = 1{,}717\,mol \cdot 60\,g \cdot mol^{-1} = 103{,}02\,g$$

$$V(CO_2) = n(CO_2) \cdot V_m$$

$$V(CO_2) = 2 \cdot 1{,}717\,mol \cdot V_m = 76{,}92\,l$$

9 *Ethanal*
Vorkommen: Stoffwechselprodukt im pflanzlichen und tierischen Organismus; Nebenprodukt bei der alkoholischen Gärung, teilweise in Früchten und Gemüse
Bedeutung: Erzeugung von Kosmetika, Kunststoffen, Farben und Pharmazeutika
Aceton
Vorkommen: in Spuren in Harn und Blut
Bedeutung: Lösemittel für Farben, Harze, Kunstseiden, Gummi und organisches Glas (Plexiglas), Kosmetika, z. B. Nagellack, ätherische Öle und Balsame
Ethansäure
Vorkommen: In Pflanzensäften und ätherischen Ölen, in sauer gewordenem Wein
Bedeutung: Verwendung als Essig und Essigessenz, zum Konservieren von Speisen; zur Herstellung von Kunstfasern, Kunststoffen, Duftstoffen und Medikamenten

10 a) Man lässt Weißwein längere Zeit offen in einem warmen Raum stehen.
b) Geruchsprobe; Prüfen der Lösung mit Indikator auf saure Lösung; Prüfen der elektrischen Leitfähigkeit
c) $C_2H_5OH\,(l) + O_2\,(g) \longrightarrow CH_3COOH\,(l) + H_2O\,(l)$
d) Säuren sind Teilchen, die Protonen abgeben. Essigsäuremoleküle geben Protonen ab. Daraus folgt: Essigsäure kann in die Stoffklasse der Säuren eingeordnet werden.
e) An der Essigsäureherstellung nach dem Gärungsverfahren sind die von Essigbakterien gebildeten Enzyme beteiligt.
Ab einem Volumenanteil von 15,5 % Ethansäure erfolgt das Absterben der Essigbakterien. Deshalb kann die Konzentration nicht höher sein.

Halogenierte und ungesättigte Kohlenwasserstoffe (Seite 96)

1 a) Halogenalkane dienen u. a. als Ausgangsstoffe für organische Verbindungen (z. B. Kunststoffe), als Lösemittel für Fette und Harze, als Abbeizmittel oder als Kältemittel in geschlossenen Systemen.
b) Halogenalkane stehen unter Verdacht, krebserregend zu sein. Sie sind an der Zerstörung der Ozonschicht und am Klimawandel beteiligt.
c) Der Nachweis kann mithilfe der Beilstein-Probe erfolgen. Dafür wird unter dem Abzug ein glühender Kupferdraht in die zu prüfende Substanz getaucht und dann in die nichtleuchtende Brennerflamme gehalten. Grünfärbung deutet auf das Vorhandensein von Halogenalkanen hin.

2 a)

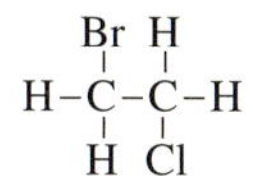

b) Es gibt eine isomere Verbindung: 1-Brom-1-Chlorethan.
c) Die korrekte Bezeichnung lautet: 1-Chlor-2,2-Difluorethan.
d) 2-Chlorprop-1-en.

3 a) Chlormethan ist im Vergleich zu Methan eine schwach polare Verbindung. Zwischen Chlormethanmolekülen wirken demnach elektrostatistische Anziehungskräfte. Durch Einführung des Chlorsubstituenten ist darüber hinaus die molare Masse von Chlormethan deutlich größer als die von Methan. Chlormethan hat folglich eine höhere Siede- und Schmelztemperatur sowie auch eine größere Dichte. Die Löslichkeiten von Chlormethan und Methan sind vergleichbar: So sind beide Verbindungen nur schlecht in Wasser, jedoch gut in Alkoholen oder Alkanen löslich. Die Brennbarkeit von Chlormethan ist im Vergleich zu Methan geringer, da allgemein gilt, dass die Brennbarkeit von Halogenalkanen mit der Einführung jedes Halogensubstituenten sinkt.
b) Bei der Kohlenstoff-Wasserstoff-Bindung und der Kohlenstoff-Chlor-Bindung handelt es sich um schwach polare Elektronenpaarbindungen. Die Differenz der Elektronegativitätswerte der beiden an der Bindung beteiligten Elemente beträgt $\Delta EN = 0{,}4$ für C–H und $\Delta EN = 0{,}5$ für C–Cl. Während das Kohlenstoffatom bei der C–H-Bindung eine negative Teilladung ($\delta-$) trägt, hat es bei der Bindung mit dem elektronegativeren Chloratom eine positive Teilladung ($\delta+$).
c) Tribrommethanmoleküle sind Dipolmoleküle. Das Molekül hat am Wasserstoffatom eine positive Teilladung und auf der gegenüberliegenden Seite des Moleküls einen Schwerpunkt der negativen Teilladungen.

4 a) $C_2H_6 + Br_2 \longrightarrow C_2H_5Br + HBr$, daran anschließend
$C_2H_5Br + Br_2 \longrightarrow C_2H_4Br_2 + HBr$, und so weiter, bis schließlich
$C_2HBr_5 + Br_2 \longrightarrow C_2Br_6 + HBr$
b) Eine radikalische Substitution ist eine Substitutionsreaktion, die als Kettenreaktion verläuft. In ihrem Verlauf entstehen immer wieder Radikale. In diesem Beispiel entstehen neben Brom-Radikalen z. B. Ethyl-Radikale.
c) Bei der Reaktion entsteht die Säure Bromwasserstoff (HBr).

5 a) Ethen wird als Grundstoff zur Herstellung von Kunststoffen, Klebstoffen, Farbstoffen, Lacken und Medikamenten benötigt.

b) Steckbrief von Ethen:

Aggregatzutand:	gasförmig
Geruch:	süßlich
Farbe:	farblos
Löslichkeit in Wasser:	nicht löslich
elektrische Leitfähigkeit:	nicht leitfähig
Brennbarkeit:	brennt mit leuchtender Flamme
Dichte:	$1{,}26\,g \cdot l^{-1}$
Schmelztemperatur:	–169,5 °C
Siedetemperatur:	–103,9 °C

c)

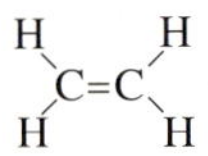

Im Ethenmolekül sind jeweils zwei Wasserstoffatome durch Elektronenpaarbindung an ein Kohlenstoffatom gebunden. Zwischen den beiden Kohlenstoffatomen liegt eine Doppelbindung vor. Alle Atome im Ethenmolekül liegen in einer Ebene. Der Bindungswinkel beträgt jeweils 120°.

6 a)
Ethin H–C≡C–H
Propin $H{-}C{\equiv}C{-}CH_3$
But-1-in $H{-}C{\equiv}C{-}CH_2{-}CH_3$
Pent-1-in $H{-}C{\equiv}C{-}CH_2{-}CH_2{-}CH_3$

Alkine bilden eine homologe Reihe. Dabei handelt es sich um eine Reihe von Verbindungen mit ähnlichen Molekülstrukturen und ähnlichen Eigenschaften. Die Moleküle benachbarter Glieder der homologen Reihe unterscheiden sich jeweils um eine $-CH_2$-Gruppe.

b)

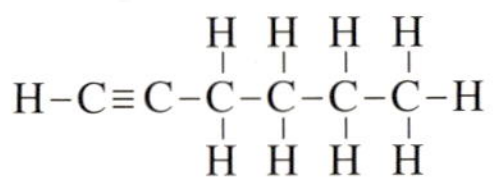

Hex-1-in

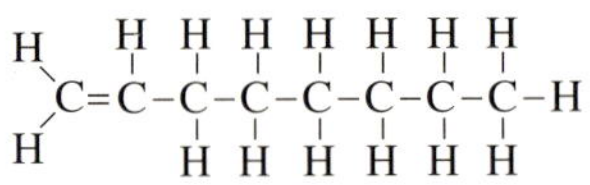

Oct-1-en

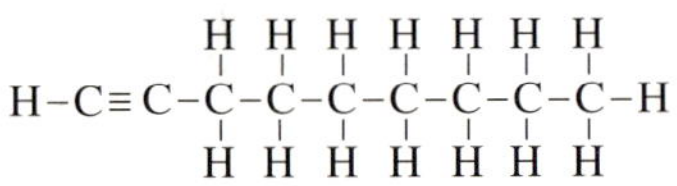

Non-1-in

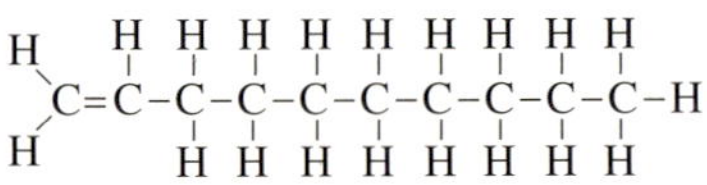

Dec-1-en

c) Alkene haben aufgrund der ähnlichen Molekülstruktur chemisch ähnliche Eigenschaften. So leiten Alkene nicht den elektrischen Strom, verbrennen mit leuchtender Flamme, sind mit Wasser nicht mischbar, aber lösen sich gut untereinander und in polaren Lösemitteln.
In Abhängigkeit von der Molekülgröße der Alkenmoleküle steigen ihre Siede- und Schmelztemperaturen an.
Aufgrund der Doppelbindung in Alkenmolekülen sind Additionsreaktionen möglich.

7 a) Pent-1-en

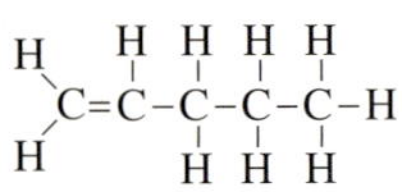

2-Methylbuten

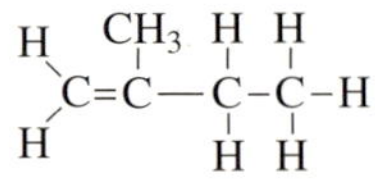

b) Es sind isomere Verbindungen. Die Summenformeln sind gleich C_5H_{10}, aber die Molekülstrukturen sind unterschiedlich.
c) In 1,2-Dibromethenmolekülen können die Atome bei gleicher Reihenfolge räumlich unterschiedlich angeordnet sein. Sie bilden cis-trans-Isomere.

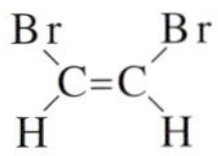

cis-1,2-Dibromethen

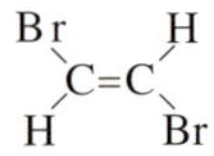

trans-1,2-Dibromethen

8 a) Crackbenzin kann mit Bromwasser geprüft werden. Die Entfärbung des Bromwassers deutet darauf hin, dass ungesättigte Kohlenwasserstoffe enthalten sind.
$C_3H_6 + Br_2 \longrightarrow C_3H_6Br_2$
b) Gesättigte und ungesättigte Kohlenwasserstoffe unterscheiden sich in den Strukturmerkmalen ihrer Moleküle und damit im chemischen Verhalten. Gesättigte Kohlenwasserstoffe enthalten in den Molekülen zwischen den Kohlenstoffatomen nur Einfachbindungen. Eine typische Reaktion dieser Stoffe ist die Substitution.
Ungesättigte Kohlenwasserstoffe enthalten in den Molekülen zwischen zwei Kohlenstoffatomen eine Mehrfachbindung. Sie sind deshalb reaktionsfähiger und bevorzugen Additionsreaktionen.

9 a) Hydrierung: Chemische Reaktion, bei der Wasserstoff addiert wird.
Dehydrierung: Chemische Reaktion, bei der Wasserstoff eliminiert wird.
b)

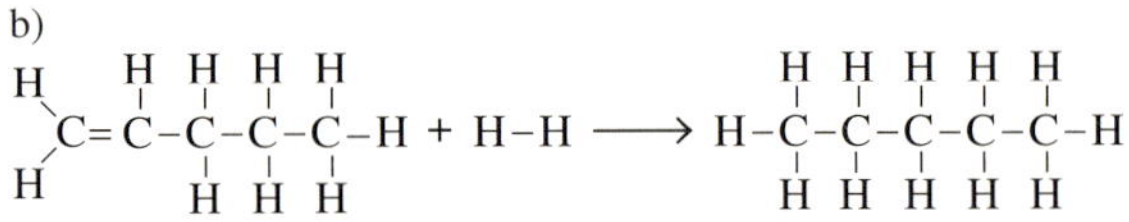

Reaktionsart: Addition

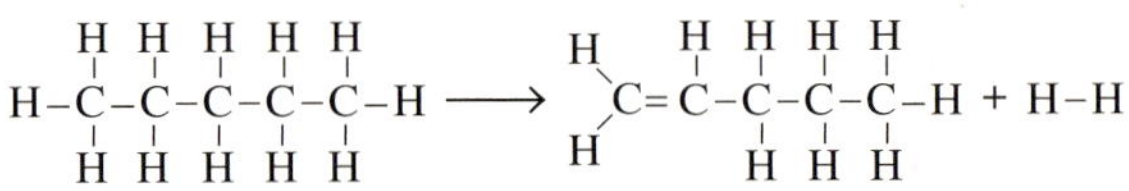

Reaktionsart: Eliminierung

10 a)

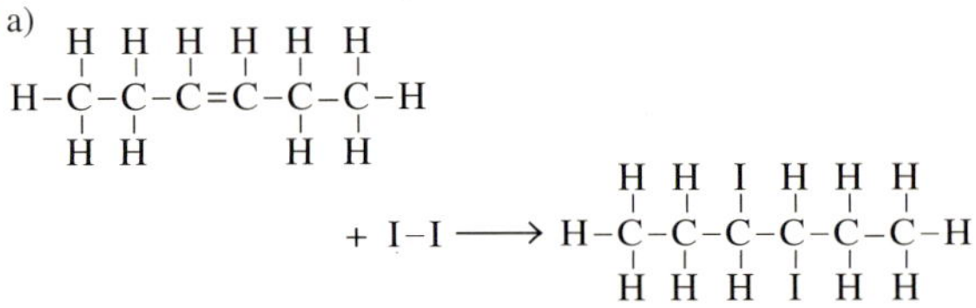

Hex-3-en Iod 3,4-Diiodhexan

b) Bei der Reaktion von Hex-3-en mit Iod lagert sich das Iodmolekül an die Kohlenstoffatome der Doppelbindung an.
Ein Elektronenpaar der Doppelbindung und die Einfachbindung im Iodmolekül werden gespalten. Die freien Iodatome lagern sich an die Kohlenstoffatome an und die Einfachbindungen zu den Iodatomen werden ausgebildet. Das 3. und 4. Kohlenstoffatom im Hexenmolekül hat nun jeweils ein Iodatom gebunden.

Einstufung von Gefahrstoffen nach der GHS-Verordnung

Mit dem neuen GHS (*Globally Harmonised System of Classification and Labelling of Chemicals*) werden die Kriterien für die Einstufung der Gefahrstoffe neu festgelegt und mit international einheitlichen Piktogrammen versehen. Neu ist auch die Verwendung der Signalworte **„Gefahr"** und **„Achtung"** für das Ausmaß der Gefahr: „Gefahr" bei hoher Gefährdung oder „Achtung" bei geringerer Gefährdung.

Gefahrenpiktogramm und Piktogrammcode	Mit dem Gefahrenpiktogramm gekennzeichnete Stoffe und Gemische	Signalwort	Kennzeichnung nach bisheriger Gefahrstoffverordnung	
			Gefahrensymbol	Gefahrenhinweise
GHS01	explosive und sehr gefährliche selbstzersetzliche Stoffe und Gemische sowie sehr gefährliche organische Peroxide	Gefahr oder Achtung	E	R2, R3
GHS02	entzündbare, selbsterhitzungsfähige und gefährliche selbstzersetzliche Stoffe und Gemische, pyrophore Stoffe sowie Stoffe und Gemische, die bei Berührung mit Wasser entzündbare Gase entwickeln	Gefahr oder Achtung	F+ oder F oder –	R12, R11 oder R10; R17; R15
GHS02	gefährliche organische Peroxide	Gefahr oder Achtung	O	R7
GHS03	Stoffe und Gemische mit oxidierender Wirkung	Gefahr oder Achtung	O	R8, R9
GHS04	Gase unter Druck	Achtung	–	
GHS05	Stoffe und Gemische, die korrosiv auf Metalle wirken	Achtung	–	
GHS05	Stoffe und Gemische, die schwere Verätzungen der Haut und/oder schwere Augenschäden verursachen	Gefahr	C oder Xi	R34, R35, R41
GHS06	lebensgefährliche und giftige Stoffe und Gemische	Gefahr	T+ oder T	R26, R27, R28 oder R23, R24, R25
GHS07	gesundheitsschädliche Stoffe und Gemische	Achtung	Xn	R20, R21, R22
GHS07	Stoffe und Gemische, die Haut- und/oder Augenreizungen verursachen und/oder allergische Hautreaktionen, Reizungen der Atemwege und/oder Schläfrigkeit und Benommenheit verursachen können	Achtung	Xi	R36, R37, R38; R43; R67
GHS08	Stoffe und Gemische, die bei Verschlucken und Eindringen in die Atemwege tödlich sein können und/oder eine Gefahr für die Gesundheit darstellen. Diese Stoffe und Gemische schädigen bestimmte Organe und/oder können Krebs erzeugen, die Fruchtbarkeit beeinträchtigen, das Kind im Mutterleib schädigen und/oder genetische Defekte und/oder beim Einatmen Allergien, asthmaartige Symptome oder Atembeschwerden verursachen.	Gefahr oder Achtung	T+ T oder Xn	R45, R49, R40; R60, R62; R61, R63; R46; R39/…; R68/…; R48/…; R42; R33; R65
GHS09	Stoffe und Gemische, die sehr giftig oder giftig für Wasserorganismen sind	Achtung oder –	N	R50, R50/53 R51/53

Gefahrenhinweise, ergänzende Gefahrenmerkmale und ergänzende Kennzeichnungselemente

Gefahrenhinweise (H-Sätze)

Gefahrenhinweise für physikalische Gefahren

H200 Instabil, explosiv

H201 Explosiv, Gefahr der Massenexplosion.

H202 Explosiv; große Gefahr durch Splitter, Spreng- und Wurfstücke.

H203 Explosiv; Gefahr durch Feuer, Luftdruck oder Splitter, Spreng- und Wurfstücke.

H204 Gefahr durch Feuer oder Splitter, Spreng- und Wurfstücke.

H205 Gefahr der Massenexplosion bei Feuer.

H220 Extrem entzündbares Gas.

H221 Entzündbares Gas.

H222 Extrem entzündbares Aerosol.

H223 Entzündbares Aerosol.

H224 Flüssigkeit und Dampf extrem entzündbar.

H225 Flüssigkeit und Dampf leicht entzündbar.

H226 Flüssigkeit und Dampf entzündbar.

H228 Entzündbarer Feststoff.

H240 Erwärmung kann Explosion verursachen.

H241 Erwärmung kann Brand oder Explosion verursachen.

H242 Erwärmung kann Brand verursachen.

H250 Entzündet sich in Berührung mit Luft von selbst.

H251 Selbsterhitzungsfähig; kann in Brand geraten.

H252 In großen Mengen selbsterhitzungsfähig; kann in Brand geraten.

H260 In Berührung mit Wasser entstehen entzündbare Gase, die sich spontan entzünden können.

H261 In Berührung mit Wasser entstehen entzündbare Gase.

H270 Kann Brand verursachen oder verstärken; Oxidationsmittel.

H271 Kann Brand oder Explosion verursachen; starkes Oxidationsmittel.

H272 Kann Brand verstärken; Oxidationsmittel.

H280 Enthält Gas unter Druck; kann bei Erwärmung explodieren.

H281 Enthält tiefkaltes Gas; kann Kälteverbrennungen oder -verletzungen verursachen.

H290 Kann gegenüber Metallen korrosiv sein.

Gefahrenhinweise für Gesundheitsgefahren

H300 Lebensgefahr bei Verschlucken.

H301 Giftig bei Verschlucken.

H302 Gesundheitsschädlich bei Verschlucken.

H304 Kann bei Verschlucken und Eindringen in die Atemwege tödlich sein.

H310 Lebensgefahr bei Hautkontakt.

H311 Giftig bei Hautkontakt.

H312 Gesundheitsschädlich bei Hautkontakt.

H314 Verursacht schwere Verätzungen der Haut und schwere Augenschäden.

H315 Verursacht Hautreizungen.

H317 Kann allergische Hautreaktionen verursachen.

H318 Verursacht schwere Augenschäden.

H319 Verursacht schwere Augenreizung.

H330 Lebensgefahr bei Einatmen.

H331 Giftig bei Einatmen.

H332 Gesundheitsschädlich bei Einatmen.

H334 Kann bei Einatmen Allergie, asthmaartige Symptome oder Atembeschwerden verursachen.

H335 Kann die Atemwege reizen.

H336 Kann Schläfrigkeit und Benommenheit verursachen.

H340 Kann genetische Defekte verursachen *<Expositionsweg angeben, sofern schlüssig belegt ist, dass diese Gefahr bei keinem anderen Expositionsweg besteht>*.

H341 Kann vermutlich genetische Defekte verursachen *<Expositionsweg angeben, sofern schlüssig belegt ist, dass diese Gefahr bei keinem anderen Expositionsweg besteht>*.

H350 Kann Krebs erzeugen *<Expositionsweg angeben, sofern schlüssig belegt ist, dass diese Gefahr bei keinem anderen Expositionsweg besteht>*.

H350i Kann beim Einatmen Krebs erzeugen.

H351 Kann vermutlich Krebs erzeugen *<Expositionsweg angeben, sofern schlüssig belegt ist, dass diese Gefahr bei keinem anderen Expositionsweg besteht>*.

H360 Kann die Fruchtbarkeit beeinträchtigen oder das Kind im Mutterleib schädigen *<konkrete Wirkung angeben, sofern bekannt>* *<Expositionsweg angeben, sofern schlüssig belegt ist, dass die Gefahr bei keinem anderen Expositionsweg besteht>*.

H360F Kann die Fruchtbarkeit beeinträchtigen.

H360D Kann das Kind im Mutterleib schädigen.

H360FD Kann die Fruchtbarkeit beeinträchtigen. Kann das Kind im Mutterleib schädigen.

H360Fd Kann die Fruchtbarkeit beeinträchtigen. Kann vermutlich das Kind im Mutterleib schädigen.

H360Df Kann das Kind im Mutterleib schädigen. Kann vermutlich die Fruchtbarkeit beeinträchtigen.

H361 Kann vermutlich die Fruchtbarkeit beeinträchtigen oder das Kind im Mutterleib schädigen *<konkrete Wirkung angeben, sofern bekannt>* *<Expositionsweg angeben, sofern schlüssig belegt ist, dass die Gefahr bei keinem anderen Expositionsweg besteht>*.

H361f Kann vermutlich die Fruchtbarkeit beeinträchtigen.

H361d Kann vermutlich das Kind im Mutterleib schädigen.

H361fd Kann vermutlich die Fruchtbarkeit beeinträchtigen. Kann vermutlich das Kind im Mutterleib schädigen.

H362 Kann Säuglinge über die Muttermilch schädigen.

H370 Schädigt die Organe *<oder alle betroffenen Organe nennen, sofern bekannt>* *<Expositionsweg angeben, sofern schlüssig belegt ist, dass diese Gefahr bei keinem anderen Expositionsweg besteht>*.

H371 Kann die Organe schädigen *<oder alle betroffenen Organe nennen, sofern bekannt>* *<Expositionsweg angeben, sofern schlüssig belegt ist, dass diese Gefahr bei keinem anderen Expositionsweg besteht>*.

H372 Schädigt die Organe *<alle betroffenen Organe nennen>* bei längerer oder wiederholter Exposition *<Expositionsweg angeben, wenn schlüssig belegt ist, dass diese Gefahr bei keinem anderen Expositionsweg besteht>*.

H373 Kann die Organe schädigen *<alle betroffenen Organe nennen, sofern bekannt>* bei längerer oder wiederholter Exposition *<Expositionsweg angeben, wenn schlüssig belegt ist, dass diese Gefahr bei keinem anderen Expositionsweg besteht>*.

Gefahrenhinweise für Umweltgefahren

H400 Sehr giftig für Wasserorganismen.

H410 Sehr giftig für Wasserorganismen mit langfristiger Wirkung.

H411 Giftig für Wasserorganismen, mit langfristiger Wirkung.

H412 Schädlich für Wasserorganismen, mit langfristiger Wirkung.

H413 Kann für Wasserorganismen schädlich sein, mit langfristiger Wirkung.

Ergänzende Gefahrenmerkmale

Physikalische Eigenschaften

EUH001 In trockenem Zustand explosionsgefährlich.

EUH006 Mit und ohne Luft explosionsfähig.

EUH014 Reagiert heftig mit Wasser.

EUH018 Kann bei Verwendung explosionsfähige/entzündbare Dampf/Luft-Gemische bilden.

EUH019 Kann explosionsfähige Peroxide bilden.

EUH044 Explosionsgefahr bei Erhitzen unter Einschluss.

Gesundheitsgefährliche Eigenschaften

EUH029 Entwickelt bei Berührung mit Wasser giftige Gase.

EUH031 Entwickelt bei Berührung mit Säure giftige Gase.

EUH032 Entwickelt bei Berührung mit Säure sehr giftige Gase.

EUH066 Wiederholter Kontakt kann zu spröder oder rissiger Haut führen.

EUH070 Giftig bei Berührung mit den Augen.

EUH071 Wirkt ätzend auf die Atemwege.

Umweltgefährliche Eigenschaften

EUH059 Die Ozonschicht schädigend.

Ergänzende Kennzeichnungselemente/Informationen über bestimmte Stoffe und Gemische

EUH201 Enthält Blei. Nicht für den Anstrich von Gegenständen verwenden, die von Kindern gekaut oder gelutscht werden könnten.

EUH201A Achtung! Enthält Blei.

EUH202 Cyanacrylat. Gefahr. Klebt innerhalb von Sekunden Haut und Augenlider zusammen. Darf nicht in die Hände von Kindern gelangen.

EUH203 Enthält Chrom (VI). Kann allergische Reaktionen hervorrufen.

EUH204 Enthält Isocyanate. Kann allergische Reaktionen hervorrufen.

EUH205 Enthält epoxidhaltige Verbindungen. Kann allergische Reaktionen hervorrufen.

EUH206 Achtung! Nicht zusammen mit anderen Produkten verwenden, da gefährliche Gase (Chlor) freigesetzt werden können.

EUH207 Achtung! Enthält Cadmium. Bei der Verwendung entstehen gefährliche Dämpfe. Hinweise des Herstellers beachten. Sicherheitsanweisungen einhalten.

EUH208 Enthält *<Name des sensibilisierenden Stoffes>*. Kann allergische Reaktionen hervorrufen.

EUH209 Kann bei Verwendung leicht entzündbar werden.

EUH209A Kann bei Verwendung entzündbar werden.

EUH210 Sicherheitsdatenblatt auf Anfrage erhältlich.

EUH401 Zur Vermeidung von Risiken für Mensch und Umwelt die Gebrauchsanleitung einhalten.

Sicherheitshinweise (P-Sätze)

Sicherheitshinweise – Allgemeines

P101 Ist ärztlicher Rat erforderlich, Verpackung oder Kennzeichnungsetikett bereithalten.
P102 Darf nicht in die Hände von Kindern gelangen.
P103 Vor Gebrauch Kennzeichnungsetikett lesen.

Sicherheitshinweise – Prävention

P201 Vor Gebrauch besondere Anweisungen einholen.
P202 Vor Gebrauch alle Sicherheitshinweise lesen und verstehen.
P210 Von Hitze/Funken/offener Flamme/heißen Oberflächen fernhalten. Nicht rauchen.
P211 Nicht gegen offene Flamme oder andere Zündquelle sprühen.
P220 Von Kleidung/…/brennbaren Materialien fernhalten/entfernt aufbewahren.
P221 Mischen mit brennbaren Stoffen/… unbedingt verhindern.
P222 Kontakt mit Luft nicht zulassen.
P223 Kontakt mit Wasser wegen heftiger Reaktion und möglichem Aufflammen unbedingt verhindern.
P230 Feucht halten mit …
P231 Unter inertem Gas handhaben.
P232 Vor Feuchtigkeit schützen.
P233 Behälter dicht verschlossen halten.
P234 Nur im Originalbehälter aufbewahren.
P235 Kühl halten.
P240 Behälter und zu befüllende Anlage erden.
P241 Explosionsgeschützte elektrische Betriebsmittel/Lüftungsanlagen/Beleuchtung/… verwenden.
P242 Nur funkenfreies Werkzeug verwenden.
P243 Maßnahmen gegen elektrostatische Aufladungen treffen.
P244 Druckminderer frei von Fett und Öl halten.
P250 Nicht schleifen/stoßen/…/reiben.
P251 Behälter steht unter Druck: Nicht durchstechen oder verbrennen, auch nicht nach der Verwendung.
P260 Staub/Rauch/Gas/Nebel/Dampf/Aerosol nicht einatmen.
P261 Einatmen von Staub/Rauch/Gas/Nebel/Dampf/Aerosol vermeiden.
P262 Nicht in die Augen, auf die Haut oder auf die Kleidung gelangen lassen.
P263 Kontakt während der Schwangerschaft und der Stillzeit vermeiden.
P264 Nach Gebrauch … gründlich waschen.
P270 Bei Gebrauch nicht essen, trinken oder rauchen.
P271 Nur im Freien oder in gut belüfteten Räumen verwenden.
P272 Kontaminierte Arbeitskleidung nicht außerhalb des Arbeitsplatzes tragen.
P273 Freisetzung in die Umwelt vermeiden.
P280 Schutzhandschuhe/Schutzkleidung/Augenschutz/Gesichtsschutz tragen.
P281 Vorgeschriebene persönliche Schutzausrüstung verwenden.
P282 Schutzhandschuhe/Gesichtsschild/Augenschutz mit Kälteisolierung tragen.
P283 Schwer entflammbare/flammhemmende Kleidung tragen.
P284 Atemschutz tragen.
P285 Bei unzureichender Belüftung Atemschutz tragen.
P231 + P232 Unter inertem Gas handhaben. Vor Feuchtigkeit schützen.
P235 + P410 Kühl halten. Vor Sonnenbestrahlung schützen.

Sicherheitshinweise – Reaktion

P301 BEI VERSCHLUCKEN:
P302 BEI BERÜHRUNG MIT DER HAUT:
P303 BEI BERÜHRUNG MIT DER HAUT (oder dem Haar):
P304 BEI EINATMEN:
P305 BEI KONTAKT MIT DEN AUGEN:
P306 BEI KONTAMINIERTER KLEIDUNG:
P307 BEI Exposition:
P308 BEI Exposition oder falls betroffen:
P309 BEI Exposition oder Unwohlsein:
P310 Sofort GIFTINFORMATIONSZENTRUM oder Arzt anrufen.
P311 GIFTINFORMATIONSZENTRUM oder Arzt anrufen.
P312 Bei Unwohlsein GIFTINFORMATIONSZENTRUM oder Arzt anrufen.
P313 Ärztlichen Rat einholen/ärztliche Hilfe hinzuziehen.
P314 Bei Unwohlsein ärztlichen Rat einholen/ärztliche Hilfe hinzuziehen.
P315 Sofort ärztlichen Rat einholen/ärztliche Hilfe hinzuziehen.
P320 Besondere Behandlung dringend erforderlich (siehe … auf diesem Kennzeichnungsetikett).
P321 Besondere Behandlung (siehe … auf diesem Kennzeichnungsetikett).
P322 Gezielte Maßnahmen (siehe … auf diesem Kennzeichnungsetikett).
P330 Mund ausspülen.
P331 KEIN Erbrechen herbeiführen.
P332 Bei Hautreizung:
P333 Bei Hautreizung oder -ausschlag:
P334 In kaltes Wasser tauchen/nassen Verband anlegen.
P335 Lose Partikel von der Haut abbürsten.
P336 Vereiste Bereiche mit lauwarmem Wasser auftauen. Betroffenen Bereich nicht reiben.
P337 Bei anhaltender Augenreizung:
P338 Eventuell Vorhandene Kontaktlinsen nach Möglichkeit entfernen. Weiter ausspülen.
P340 Die betroffene Person an die frische Luft bringen und in einer Position ruhig stellen, die das Atmen erleichtert.
P341 Bei Atembeschwerden an die frische Luft bringen und in einer Position ruhig stellen, die das Atmen erleichtert.
P342 Bei Symptomen der Atemwege:
P350 Behutsam mit viel Wasser und Seife waschen.
P351 Einige Minuten lang behutsam mit Wasser ausspülen.
P352 Mit viel Wasser und Seife waschen.
P353 Haut mit Wasser abwaschen/duschen.
P360 Kontaminierte Kleidung und Haut sofort mit viel Wasser abwaschen und danach Kleidung ausziehen.
P361 Alle kontaminierten Kleidungsstücke sofort ausziehen.
P362 Kontaminierte Kleidung ausziehen und vor erneutem Tragen waschen.
P363 Kontaminierte Kleidung vor erneutem Tragen waschen.
P370 Bei Brand:
P371 Bei Großbrand und großen Mengen:
P372 Explosionsgefahr bei Brand.
P373 KEINE Brandbekämpfung, wenn das Feuer explosive Stoffe/Gemische/Erzeugnisse erreicht.
P374 Brandbekämpfung mit üblichen Vorsichtsmaßnahmen aus angemessener Entfernung.
P375 Wegen Explosionsgefahr Brand aus der Entfernung bekämpfen.
P376 Undichtigkeit beseitigen, wenn gefahrlos möglich.
P377 Brand von ausströmendem Gas: Nicht löschen, bis Undichtigkeit gefahrlos beseitigt werden kann.
P378 … zum Löschen verwenden.
P380 Umgebung räumen.
P381 Alle Zündquellen entfernen, wenn gefahrlos möglich.
P390 Verschüttete Mengen aufnehmen, um Materialschäden zu vermeiden.
P391 Verschüttete Mengen aufnehmen.
P301 + P310 BEI VERSCHLUCKEN: Sofort GIFTINFORMATIONSZENTRUM oder Arzt anrufen.
P301 + P312 BEI VERSCHLUCKEN: Bei Unwohlsein GIFTINFORMATIONSZENTRUM oder Arzt anrufen.
P301 + P330 + P331 BEI VERSCHLUCKEN: Mund ausspülen. KEIN Erbrechen herbeiführen.
P302 + P334 BEI KONTAKT MIT DER HAUT: In kaltes Wasser tauchen/nassen Verband anlegen.
P302 + P350 BEI KONTAKT MIT DER HAUT: Behutsam mit viel Wasser und Seife waschen.
P302 + P352 BEI KONTAKT MIT DER HAUT: Mit viel Wasser und Seife waschen.
P303 + P361 + P353 BEI KONTAKT MIT DER HAUT (oder dem Haar): Alle kontaminierten Kleidungsstücke sofort ausziehen. Haut mit Wasser abwaschen/duschen.
P304 + P340 BEI EINATMEN: An die frische Luft bringen und in einer Position ruhig stellen, die das Atmen erleichtert.
P304 + P341 BEI EINATMEN: Bei Atembeschwerden an die frische Luft bringen und in einer Position ruhig stellen, die das Atmen erleichtert.
P305 + P351 + P338 BEI KONTAKT MIT DEN AUGEN: Einige Minuten lang behutsam mit Wasser spülen. Vorhandene Kontaktlinsen nach Möglichkeit entfernen. Weiter spülen.
P306 + P360 BEI KONTAKT MIT DER KLEIDUNG: Kontaminierte Kleidung und Haut sofort mit viel Wasser abwaschen und danach Kleidung ausziehen.
P307 + P311 BEI Exposition: GIFTINFORMATIONSZENTRUM oder Arzt anrufen.
P308 + P313 BEI Exposition oder falls betroffen: Ärztlichen Rat einholen/ärztliche Hilfe hinzuziehen.
P309 + P311 BEI Exposition oder Unwohlsein: GIFTINFORMATIONSZENTRUM oder Arzt anrufen.
P332 + P313 Bei Hautreizung: Ärztlichen Rat einholen/ärztliche Hilfe hinzuziehen.
P333 + P313 Bei Hautreizung oder -ausschlag: Ärztlichen Rat einholen/ärztliche Hilfe hinzuziehen.
P335 + P334 Lose Partikel von der Haut abbürsten. In kaltes Wasser tauchen/nassen Verband anlegen.
P337 + P313 Bei anhaltender Augenreizung: Ärztlichen Rat einholen/ärztliche Hilfe hinzuziehen.

P342 + P311	Bei Symptomen der Atemwege: GIFTINFORMATIONS-ZENTRUM oder Arzt anrufen.
P370 + P376	Bei Brand: Undichtigkeit beseitigen, wenn gefahrlos möglich.
P370 + P378	Bei Brand: … zum Löschen verwenden.
P370 + P380	Bei Brand: Umgebung räumen.
P370 + P380 + P375	Bei Brand: Umgebung räumen. Wegen Explosionsgefahr Brand aus der Entfernung bekämpfen.
P371 + P380 + P375	Bei Großbrand und großen Mengen: Umgebung räumen. Wegen Explosionsgefahr Brand aus der Entfernung bekämpfen.

Sicherheitshinweise – Aufbewahrung

P401	… aufbewahren.
P402	An einem trockenen Ort aufbewahren.
P403	An einem gut belüfteten Ort aufbewahren.
P404	In einem geschlossenen Behälter aufbewahren.
P405	Unter Verschluss aufbewahren.
P406	In korrosionsbeständigem/… Behälter mit korrosionsbeständiger Auskleidung aufbewahren.
P407	Luftspalt zwischen Stapeln/Paletten lassen.
P410	Vor Sonnenbestrahlung schützen.
P411	Bei Temperaturen von nicht mehr als … °C aufbewahren.
P412	Nicht Temperaturen von mehr als 50 °C aussetzen.
P413	Schüttgut in Mengen von mehr als … kg bei Temperaturen von nicht mehr als … °C aufbewahren.
P420	Von anderen Materialien entfernt aufbewahren.
P422	Inhalt in/unter … aufbewahren.
P402 + P404	In einem geschlossenen Behälter an einem trockenen Ort aufbewahren.
P403 + P233	Behälter dicht verschlossen an einem gut belüfteten Ort aufbewahren.
P403 + P235	Kühl an einem gut belüfteten Ort aufbewahren.
P410 + P403	Vor Sonnenbestrahlung geschützt an einem gut belüfteten Ort aufbewahren.
P410 + P412	Vor Sonnenbestrahlung schützen und nicht Temperaturen von mehr als 50 °C aussetzen.
P411 + P235	Kühl und bei Temperaturen von nicht mehr als … °C aufbewahren.

Sicherheitshinweise – Entsorgung

P501	Inhalt/Behälter … zuführen.

Entsorgungsratschläge (E-Sätze)

E 1	Verdünnen, in den Ausguss geben (WGK 0 bzw. 1)
E 2	Neutralisieren, in den Ausguss geben
E 3	In den Hausmüll geben, gegebenenfalls im Polyethylenbeutel (Stäube)
E 4	Als Sulfid fällen
E 5	Mit Calcium-Ionen fällen, dann E 1 oder E 3
E 6	Nicht in den Hausmüll geben
E 7	Im Abzug entsorgen
E 8	Der Sondermüllbeseitigung zuführen (Adresse zu erfragen bei der Kreis- oder Stadtverwaltung), Abfallschlüssel beachten
E 9	Unter größter Vorsicht in kleinsten Portionen reagieren lassen (z. B. offen im Freien verbrennen)
E 10	In gekennzeichneten Behältern sammeln: 1. „Organische Abfälle – halogenhaltig" 2. „Organische Abfälle – halogenfrei" dann E 8
E 11	Als Hydroxid fällen (pH = 8), den Niederschlag zu E 8
E 12	Nicht in die Kanalisation gelangen lassen
E 13	Aus der Lösung mit unedlem Metall (z. B. Eisen) als Metall abscheiden (E 14, E 3)
E 14	Recycling-geeignet (Redestillation oder einem Recyclingunternehmen zuführen)
E 15	Mit Wasser <u>vorsichtig</u> umsetzen, frei werdende Gase absorbieren oder ins Freie ableiten
E 16	Entsprechend den speziellen Ratschlägen für die Beseitigungsgruppen beseitigen

Entsorgung von Chemikalienabfällen

Nach dem Experimentieren werden die Reste in die dafür vorgesehenen Sammelbehälter gegeben:

nicht gefährliche und wasserlösliche Chemikalien	nicht gefährliche und feste Chemikalien	Säuren und Laugen	giftige anorganische Chemikalien	halogenfreie organische Chemikalien	halogenhaltige organische Chemikalien
z. B. Natriumchlorid, Natriumcarbonat, Wasserstoffperoxidlösung	z. B. Eisen, Indikatorpapier	z. B. Salzsäure, Natronlauge	z. B. Kupfersulfat	z. B. Petroleumbenzin, Methanol	z. B. Trichlormethan

Die weitere Behandlung und Entsorgung bzw. Übergabe der Abfälle zur Sondermüllentsorgung erfolgt durch die Lehrerin bzw. den Lehrer.

Liste der Gefahrstoffe

Gefahrstoff	Signalwort	Piktogrammcode	H-Sätze und EUH-Sätze	E-Sätze
Aceton (Propanon)	Gefahr	GHS02 GHS07	H225 H319 H336 EUH066	1-10-14
Aluminium, Grieß	Gefahr	GHS02	H261	6-9
Aluminium, Pulver (stabilisiert)	Gefahr	GHS02	H261 H228	6-9
Aluminiumbromid, wasserfrei	Gefahr	GHS05 GHS07	H302 H314	2
Aluminiumchlorid, wasserfrei	Gefahr	GHS05	H314	2
Aluminiumiodid	Gefahr	GHS05	H314	2
Ameisensäure (Methansäure)				
$w \geq 90\,\%$	Gefahr	GHS05	H314	1-10
$10\,\% \leq w < 90\,\%$	Gefahr	GHS05	H314	1-10
$2\,\% \leq w < 10\,\%$	Achtung	GHS07	H315 H319	1-10
Ammoniak, wasserfrei	Gefahr	GHS04 GHS06 GHS05 GHS09	H221 H331 H314 H400	2-7
Ammoniaklösung				
$10\,\% \leq w < 25\,\%$	Gefahr	GHS05	H314	2
$5\,\% \leq w < 10\,\%$	Achtung	GHS07	H315 H319 H335	2
Ammoniumchlorid	Achtung	GHS07	H302 H319	2
Bariumchlorid	Gefahr	GHS06	H301 H332	1-3
Bariumchlorid-lösung $3\,\% \leq w < 25\,\%$	Achtung	GHS07	H302	1
Bariumhydroxid	Gefahr	GHS05 GHS07	H302 H314 H332	1-3
Bariumhydroxid-8-Wasser	Gefahr	GHS05 GHS07	H302 H314 H332	1-3
Bariumoxid	Achtung	GHS07	H302 H315 H319 H332	1-3
Benzoesäure	Achtung	GHS07	H302 H319	10-12
Benzol	Gefahr	GHS02 GHS08 GHS07	H225 H350 H340 H372 H304 H319 H315	10-12
Blei (bioverfügbar)	Gefahr	GHS07 GHS08	H302 H332 H360D H373	8

w: Massenanteil

Gefahrstoff	Signalwort	Piktogrammcode	H-Sätze und EUH-Sätze	E-Sätze
Blei(II)-acetat	Gefahr	GHS08 GHS09	H360Df H373 H410	8-14
Brennspiritus (Ethanol)	Gefahr	GHS02	H225	1-10
Brom	Gefahr	GHS06 GHS05 GHS09	H330 H314 H400	16
Bromethan (Ethylbromid)	Gefahr	GHS02 GHS07 GHS08	H225 H302 H332 H351	16
Bromthymolblau-lösung (ethanolisch, $w = 0{,}1\,\%$)	Gefahr	GHS02	H225	10
Bromwasser $1\,\% \leq w < 5\,\%$	Gefahr	GHS06	H311 H330	16
Bromwasserstoff	Gefahr	GHS04 GHS05 GHS07	H314 H335	2
n-Butan	Gefahr	GHS02 GHS04	H220	2
Butan-1-ol	Gefahr	GHS02 GHS05 GHS07	H226 H302 H335 H315 H318 H336	7
Butansäure (Buttersäure)	Gefahr	GHS05	H314	10
Calcium	Gefahr	GHS02	H261	15
Calciumcarbid	Gefahr	GHS02	H260	15-16
Calciumchlorid	Achtung	GHS07	H319	1
Calciumhydroxid	Gefahr	GHS05	H318	2
Calciumoxid	Gefahr	GHS05	H318	2
Chlor	Gefahr	GHS06 GHS09	H331 H319 H335 H315 H400	16
Chlorethan (Ethylchlorid)	Gefahr	GHS02 GHS04 GHS08	H220 H351 H412	16
Chlormethan (Methylchlorid)	Gefahr	GHS02 GHS04 GHS08	H220 H351 H373	7-12
Chloroform (Trichlormethan)	Achtung	GHS07 GHS08	H351 H302 H373 H373 H315	10-12
Chlorwasser, gesättigt $w \approx 0{,}7\,\%$	Achtung	GHS07	H332	16
Chlorwasserstoff	Gefahr	GHS04 GHS06 GHS05	H331 H314	2

Gefahrstoff	Signalwort	Piktogrammcode	H-Sätze und EUH-Sätze	E-Sätze
Cyclohexan	Gefahr	GHS02 GHS08 GHS07 GHS09	H225 H304 H315 H336 H410	10-12
Diethylether (Ether)	Gefahr	GHS02 GHS07	H224 H302 H336 EUH019 EUH066	9-10-12
Eisen(III)-chlorid	Gefahr	GHS05 GHS07	H302 H315 H318	2
Eisen(II)-sulfat	Achtung	GHS07	H302 H319 H315	2
Eisen(II)-sulfat-lösung $w \geq 25\,\%$	Achtung	GHS07	H302 H319 H315	2
Essigessenz	Gefahr	GHS05	H314	2-10
Essigsäure (Ethansäure)				
$w \geq 90\,\%$	Gefahr	GHS02 GHS05	H226 H314	2-10
$25\,\% \leq w < 90\,\%$	Gefahr	GHS05	H314	2-10
$10\,\% \leq w < 25\,\%$	Achtung	GHS07	H319 H315	2-10
Essigsäureethylester (Ethylacetat)	Gefahr	GHS02 GHS07	H225 H319 H336 EUH066	10-12
Ethan	Gefahr	GHS02 GHS04	H220	7
Ethanal (Acetaldehyd)	Gefahr	GHS02 GHS08 GHS07	H224 H351 H319 H335	9-10-12-16
Ethanallösung (Acetaldehydlösung) $w \geq 10\,\%$	Achtung	GHS08 GHS07	H351 H319 H335	9-10-12-16
Ethanol (Brennspiritus)	Gefahr	GHS02	H225	1-10
Ethen (Ethylen)	Gefahr	GHS02 GHS04 GHS07	H220 H336	7
Ethin (Acetylen)	Gefahr	GHS02 GHS04	H220 EUH006	7
Fehling'sche Lösung II	Gefahr	GHS05	H314	2
Formaldehydlösung s. Methanallösung				
n-**H**eptan	Gefahr	GHS02 GHS08 GHS07 GHS09	H225 H304 H315 H336 H410	10-12

Gefahrstoff	Signalwort	Piktogrammcode	H-Sätze und EUH-Sätze	E-Sätze
n-Hexan	Gefahr	GHS02 GHS08 GHS07 GHS09	H225 H361f H304 H373 H315 H336 H411	10-12
Hexan-1-ol	Achtung	GHS07	H302	10
Hex-1-en	Achtung	GHS04	H280	10-12
Hex-1-in	Achtung	GHS04	H280	10-12
Iod	Achtung	GHS07 GHS09	H332 H312 H400	1-16
Iodwasserstoff	Gefahr	GHS04 GHS05	H314	1
Isobutanol (2-Methyl-propan-1-ol)	Gefahr	GHS02 GHS05 GHS07	H226 H315 H318 H335	10
Kalium	Gefahr	GHS02 GHS05	H260 H314 EUH014	6-12-16
Kaliumcarbonat	Achtung	GHS07	H302 H319 H315 H335	1
Kaliumhydroxid (Ätzkali)	Gefahr	GHS05 GHS07	H302 H314	2
Kaliumhydroxid-lösung (Kalilauge)				
$w \geq 5\,\%$	Gefahr	GHS05 GHS07	H302 H314	2
$2\,\% \leq w < 5\,\%$	Gefahr	GHS05	H314	2
$0{,}5\,\% \leq w < 2\,\%$	Achtung	GHS07	H319 H315	2
Kaliumnitrat	Gefahr	GHS03	H271	1
Kaliumnitrit	Gefahr	GHS03 GHS06 GHS09	H272 H301 H400	1-16
Kaliumpermanganat	Gefahr	GHS03 GHS07 GHS09	H272 H302 H410	1-6
Kaliumpermanganatlösung $w \geq 25\,\%$	Gefahr	GHS07 GHS09	H302 H410	1-6
Kohlenstoffmonooxid	Gefahr	GHS02 GHS04 GHS06 GHS08	H220 H360D H331 H372	7
Kupferacetat	Achtung	GHS07	H302	11
Kupfer(II)-chlorid	Gefahr	GHS06	H301 H319 H315 H335	11
Kupfer(II)-chlorid-lösung $3\,\% \leq w < 25\,\%$	Achtung	GHS07	H302	11

Gefahrstoff	Signalwort	Piktogrammcode	H-Sätze und EUH-Sätze	E-Sätze
Kupfer(I)-oxid	Achtung	GHS07 GHS09	H302 H410	8-16
Kupfer(II)-oxid	Achtung	GHS07	H302	8-16
Kupfer(II)-sulfat, wasserfrei	Achtung	GHS07 GHS09	H302 H319 H315 H410	11
Kupfer(II)-sulfat-5-Wasser	Achtung	GHS07 GHS09	H302 H319 H315 H410	11
Kupfer(II)-sulfatlösung $w \geq 25\,\%$	Achtung	GHS07 GHS09	H302 H319 H315 H410	11
Lithium	Gefahr	GHS02 GHS05	H260 H314 EUH014	15-1
Lithiumchlorid	Achtung	GHS07	H302 H319 H315	1
Magnesium, Pulver (phlegmatisiert)	Gefahr	GHS02	H228 H261 H252	3
Magnesium, Späne	Gefahr	GHS02	H228 H261 H252	3
Mangan(IV)-oxid (Braunstein)	Achtung	GHS07	H332 H302	3
Methan	Gefahr	GHS02 GHS04	H220	7
Methanallösung (Formaldehydlösung)				
$w \geq 25\,\%$	Gefahr	GHS06 GHS08 GHS05	H351 H331 H311 H301 H314 H317 H335	10-12-16
$5\,\% \leq w < 25\,\%$	Gefahr	GHS06 GHS08	H351 H331 H311 H301 H319 H315 H317 H335	1-10
$0{,}2\,\% \leq w < 5\,\%$	Gefahr	GHS06 GHS08	H351 H331 H311 H301 H317	1-10
Methanol	Gefahr	GHS02 GHS06 GHS08	H225 H331 H311 H301 H370	1-10
Methansäure s. Ameisensäure				
Methansäuremethylester (Methylformiat)	Gefahr	GHS02 GHS07	H224 H332 H302 H319 H335	10-12
Natrium	Gefahr	GHS02 GHS05	H260 H314 EUH014	6-12-16
Natriumcarbonat	Achtung	GHS07	H319	1
Natriumhydroxid (Ätznatron)	Gefahr	GHS05	H314	2
Natriumhydroxidlösung (Natronlauge)				
$w \geq 5\,\%$	Gefahr	GHS05	H314	2
$2\,\% \leq w < 5\,\%$	Gefahr	GHS05	H314	2
$0{,}5\,\% \leq w < 2\,\%$	Achtung	GHS07	H315	1
Natriumnitrat	Gefahr	GHS03	H271	1
Nicotin	Gefahr	GHS06 GHS09	H310 H301 H411	10-16
n-Octan	Gefahr	GHS02 GHS08 GHS07 GHS09	H225 H304 H315 H336 H410	10-12
Oxalsäure	Achtung	GHS07	H312 H302	5
Oxalsäurelösung $w \geq 5\,\%$	Achtung	GHS07	H312 H302	5
Ozon	Gefahr	GHS04 GHS05 GHS07	H280 H314 H319 H335	7
n-Pentan	Gefahr	GHS02 GHS08 GHS07 GHS09	H225 H304 H336 H411 EUH066	10-12
Pentan-1-ol	Achtung	GHS02 GHS07	H226 H332	10-14
Petrolether	Gefahr	GHS02 GHS08	H225 H304 H412	10-12
Petroleumbenzin	Gefahr	GHS08	H350 H340 H304	10-12
Phenolphthaleinlösung (ethanolisch, $w < 1\,\%$)	Gefahr	GHS02	H225	1-10
Phosphor, rot	Gefahr	GHS02	H228 H412	6-9
Phosphor(V)-oxid	Gefahr	GHS05	H314	2
Phosphorsäure				
$w \geq 25\,\%$	Gefahr	GHS05	H314	2
$10\,\% \leq w < 25\,\%$	Achtung	GHS07	H319 H315	1
Propan	Gefahr	GHS02 GHS04	H220	7

Gefahrstoff	Signalwort	Piktogrammcode	H-Sätze und EUH-Sätze	E-Sätze
Propanal	Gefahr	GHS02 GHS07	H225 H319 H335 H315	9-10-12-16
Propan-1-ol	Gefahr	GHS02 GHS05 GHS07	H225 H318 H336	10
Propan-2-ol	Gefahr	GHS02 GHS07	H225 H319 H336	10
Propanon s. Aceton				
Propansäure (Propionsäure) $10\% \le w < 25\%$	Achtung	GHS07	H319 H315 H335	2
Quecksilber	Gefahr	GHS06 GHS08 GHS09	H360D H330 H372 H410	10
Salpetersäure				
$w \ge 65\%$	Gefahr	GHS03 GHS05	H272 H314	2
$20\% \le w < 65\%$	Gefahr	GHS05	H314	2
$5\% \le w < 20\%$	Gefahr	GHS05	H314	2
Salzsäure				
$w \ge 25\%$	Gefahr	GHS05 GHS07	H314 H335	2
$10\% \le w < 25\%$	Achtung	GHS07	H315 H319 H335	2
Sauerstoff	Gefahr	GHS03 GHS04	H270	
Schiffs Reagenz	Achtung	GHS07	H319 H335	2
Schwefel	Achtung	GHS07	H315	3
Schwefeldioxid	Gefahr	GHS04 GHS06 GHS05	H331 H314	7
Schwefelsäure				
$w \ge 15\%$	Gefahr	GHS05	H314	2
$5\% \le w < 15\%$	Achtung	GHS07	H319 H315	2
Schwefelwasserstoff	Gefahr	GHS02 GHS04 GHS06 GHS09	H220 H330 H400	2-7
Schwefelwasserstofflösung $0{,}1\% \le w \le 1\%$	Achtung	GHS07	H332	2
Schweflige Säure $5\% \le w \le 10\%$	Achtung	GHS07	H319 H3159 H335	2
Silbernitrat	Gefahr	GHS03 GHS05 GHS09	H272 H314 H410	12-13-14
Silbernitratlösung $5\% \le w \le 10\%$	Achtung	GHS07	H319 H315	12-13-14
Silberoxid	Gefahr	GHS03 GHS05	H271 H318 EUH044	12-13-14

Gefahrstoff	Signalwort	Piktogrammcode	H-Sätze und EUH-Sätze	E-Sätze
Stickstoffdioxid	Gefahr	GHS04 GHS03 GHS06 GHS05	H270 H330 H314	7
Stickstoffmonooxid	Gefahr	GHS04 GHS06	H280 H310 H330	7
Styrol	Achtung	GHS02 GHS07	H226 H332 H319 H315	10-12
Toluol	Gefahr	GHS02 GHS08 GHS07	H225 H361d H304 H373 H315 H336	10-12
Trichlormethan s. Chloroform				
Wasserstoff	Gefahr	GHS02 GHS04	H220	7
Wasserstoffperoxidlösung $w \ge 70\%$	Gefahr	GHS03 GHS05 GHS07	H271 H332 H302 H314 H335	1-16
$50\% \le w < 70\%$	Gefahr	GHS03 GHS05 GHS07	H272 H332 H302 H314 H335	1-16
$35\% \le w < 50\%$	Gefahr	GHS05 GHS07	H332 H302 H315 H318 H335	1
$8\% \le w < 35\%$	Gefahr	GHS05 GHS07	H332 H302 H318	1
$5\% \le w < 8\%$	Achtung	GHS07	H332 H302 H319	1
Zink, Pulver, Staub (stabilisiert)	Achtung	GHS09	H410	3
Zinkbromid	Gefahr	GHS05 GHS09	H314 H400 H410	1-11
Zinkchlorid	Gefahr	GHS05 GHS07 GHS09	H302 H314 H410	1-11
Zinkchloridlösung $5\% \le w < 10\%$	Achtung	GHS07	H319 H315	1-11
Zinkoxid	Achtung	GHS09	H410	3
Zinksulfat, wasserfrei	Gefahr	GHS05 GHS07 GHS09	H302 H318 H410	1-11
Zinn(II)-chlorid	Achtung	GHS07	H302 H315 H319 H335	1-11

Wichtige Größen in der Chemie

Größen in der Chemie

Größe	Formelzeichen	Einheit	Größe	Formelzeichen	Einheit
Masse	m	kg, g	Dichte	ϱ	kg/m³, g/cm³, g/ℓ
Volumen	V	m³, ℓ	Massenanteil	w	1, %
Stoffmenge	n	mol	Volumenanteil	φ	1, %
molare Masse	M	g/mol	Massenkonzentration	β	g/ℓ
molares Volumen	V_m	ℓ/mol	Stoffmengenkonzentration	c	mol/ℓ
Teilchenanzahl	N	1	Temperatur	T, ϑ	K, °C

Konstanten in der Chemie

Normdruck p_n	$p_n = 1013$ hPa
Normtemperatur T_n	$T_n = 273{,}15$ K
Molares Volumen eines idealen Gases im Normzustand $V_{m,n}$	$V_{m,n} = 22{,}4$ ℓ/mol
Avogadro-Konstante N_A	$N_A = 6{,}022\,1367 \cdot 10^{23}$ mol⁻¹

Größengleichungen in der Chemie

Dichte

$\varrho = \frac{m}{V}$ $\quad$ $\varrho = \frac{M}{V_m}$

molare Masse

$M = \frac{m}{n}$

molares Volumen

$V_m = \frac{V}{n}$

Massenanteil

$w(\text{Stoff}) = \frac{m(\text{Stoff})}{m(\text{Stoffgemisch})}$

Volumenanteil

$\varphi(\text{Stoff}) = \frac{m(\text{Stoff})}{m(\text{Stoffgemisch})}$

Massenkonzentration

$\beta(\text{Stoff}) = \frac{m(\text{Stoff})}{V(\text{Stoffgemisch})}$

Stoffmengenkonzentration

$c(\text{Stoff}) = \frac{n(\text{Stoff})}{V(\text{Stoffgemisch})}$

Vorsätze von Einheiten (Auswahl)

Vorsatz	Kurzzeichen	Faktor, mit dem die Einheit multipliziert wird	
Giga	G	1 000 000 000	(10^{9})
Mega	M	1 000 000	(10^{6})
Kilo	k	1 000	(10^{3})
Hekto	h	100	(10^{2})
Dezi	d	0,1	(10^{-1})
Zenti	c	0,01	(10^{-2})
Milli	m	0,001	(10^{-3})
Mikro	µ	0,000 001	(10^{-6})
Nano	n	0,000 000 001	(10^{-9})

Atombau der Elemente mit den Ordnungszahlen 1 bis 54

* Bei diesen Elementen bestehen Abweichungen in der Anordnung der Elektronen.

Periode	Protonenanzahl ≙ Ordnungszahl	Element: Name	Element: Symbol	1.	2.	3.	4.	5.	6.	7.
1	1	Wasserstoff	H	1						
	2	Helium	He	2						
2	3	Lithium	Li	2	1					
	4	Beryllium	Be	2	2					
	5	Bor	B	2	3					
	6	Kohlenstoff	C	2	4					
	7	Stickstoff	N	2	5					
	8	Sauerstoff	O	2	6					
	9	Fluor	F	2	7					
	10	Neon	Ne	2	8					
3	11	Natrium	Na	2	8	1				
	12	Magnesium	Mg	2	8	2				
	13	Aluminium	Al	2	8	3				
	14	Silicium	Si	2	8	4				
	15	Phosphor	P	2	8	5				
	16	Schwefel	S	2	8	6				
	17	Chlor	Cl	2	8	7				
	18	Argon	Ar	2	8	8				
4	19	Kalium	K	2	8	8	1			
	20	Calcium	Ca	2	8	8	2			
	21	Scandium	Sc	2	8	8+1	2			
	22	Titan	Ti	2	8	8+2	2			
	23	Vanadium	V	2	8	8+3	2			
	24	Chrom	Cr	2	8	8+4	2*			
	25	Mangan	Mn	2	8	8+5	2			
	26	Eisen	Fe	2	8	8+6	2			
	27	Cobalt	Co	2	8	8+7	2			
	28	Nickel	Ni	2	8	8+8	2			
	29	Kupfer	Cu	2	8	8+9	2*			
	30	Zink	Zn	2	8	8+10	2			
	31	Gallium	Ga	2	8	18	3			
	32	Germanium	Ge	2	8	18	4			
	33	Arsen	As	2	8	18	5			
	34	Selen	Se	2	8	18	6			
	35	Brom	Br	2	8	18	7			
	36	Krypton	Kr	2	8	18	8			
5	37	Rubidium	Rb	2	8	18	8	1		
	38	Strontium	Sr	2	8	18	8	2		
	39	Yttrium	Y	2	8	18	8+1	2		
	40	Zirconium	Zr	2	8	18	8+2	2		
	41	Niob	Nb	2	8	18	8+3	2*		
	42	Molybdän	Mo	2	8	18	8+4	2*		
	43	Technetium	Tc	2	8	18	8+5	2		
	44	Ruthenium	Ru	2	8	18	8+6	2*		
	45	Rhodium	Rh	2	8	18	8+7	2*		
	46	Palladium	Pd	2	8	18	8+8	2*		
	47	Silber	Ag	2	8	18	8+9	2*		
	48	Cadmium	Cd	2	8	18	8+10	2		
	49	Indium	In	2	8	18	18	3		
	50	Zinn	Sn	2	8	18	18	4		
	51	Antimon	Sb	2	8	18	18	5		
	52	Tellur	Te	2	8	18	18	6		
	53	Iod	I	2	8	18	18	7		
	54	Xenon	Xe	2	8	18	18	8		

Register

I

K

L

M

N

O

P

R

S

T

U

V

W

Z

Periodensystem der Elemente

- Metall (blau)
- Halbmetall (grün)
- Nichtmetall (gelb)

schwarz = Feststoff
weiß = Flüssigkeit
rot = Gas
hellblau = künstliches Element
* = radioaktives Element

[1] = Gruppennummerierung IUPAC (1989): Gruppennummern 1 bis 18
[2] = vorläufiges IUPAC-Symbol

Periode	1[1] I. Hauptgruppe	2 II. Hauptgruppe	3 III. Nebengruppe	4 IV. Nebengruppe	5 V. Nebengruppe	6 VI. Nebengruppe	7 VII. Nebengruppe	8 VIII. Nebengruppe	9 VIII. Nebengruppe
1	1 1,008 2,1 H Wasserstoff								
2	3 6,94 1,0 Li Lithium	4 9,01 1,5 Be Beryllium							
3	11 22,99 0,9 Na Natrium	12 24,31 1,2 Mg Magnesium							
4	19 39,10 0,8 K Kalium	20 40,08 1,0 Ca Calcium	21 44,96 1,3 Sc Scandium	22 47,88 1,5 Ti Titan	23 50,94 1,6 V Vanadium	24 51,996 1,6 Cr Chrom	25 54,94 1,5 Mn Mangan	26 55,85 1,8 Fe Eisen	27 58,93 1,8 Co Cobalt
5	37 85,47 0,8 Rb Rubidium	38 87,62 1,0 Sr Strontium	39 88,91 1,3 Y Yttrium	40 91,22 1,4 Zr Zirconium	41 92,91 1,6 Nb Niob	42 95,94 1,8 Mo Molybdän	43 [98] 1,9 Tc* Technetium	44 101,07 2,2 Ru Ruthenium	45 102,91 2,2 Rh Rhodium
6	55 132,91 0,7 Cs Caesium	56 137,33 0,9 Ba Barium	57 138,91 1,1 La • Lanthan	72 178,49 1,3 Hf Hafnium	73 180,95 1,5 Ta Tantal	74 183,84 1,7 W Wolfram	75 186,21 1,9 Re Rhenium	76 190,23 2,2 Os Osmium	77 192,22 2,2 Ir Iridium
7	87 [223] 0,7 Fr* Francium	88 226,03 0,9 Ra* Radium	89 227,03 1,1 Ac* •• Actinium	104 [261] Rf* Rutherfordium	105 [262] Db* Dubnium	106 [266] Sg* Seaborgium	107 [264] Bh* Bohrium	108 [277] Hs* Hassium	109 [268] Mt* Meitnerium

Ordnungszahl: 7
Atommasse in u: 14,007
Elektronegativitätswert: 3,0
Symbol: N
Name: Stickstoff

Die Atommassen in eckigen Klammern beziehen sich auf das längstlebige gegenwärtig bekannte Isotop des betreffenden Elements.

● Elemente der Lanthanreihe (Lanthanoide)

Periode					
6	58 140,12 1,1 Ce Cer	59 140,91 1,1 Pr Praseodym	60 144,24 1,2 Nd Neodym	61 [145] 1,2 Pm* Promethium	62 150,36 1,2 Sm Samarium

●● Elemente der Actiniumreihe (Actinoide)

Periode					
7	90 232,04 1,3 Th* Thorium	91 231,04 1,5 Pa* Protactinium	92 238,03 1,7 U* Uran	93 [237] 1,3 Np* Neptunium	94 [244] 1,3 Pu* Plutonium